Mohd Yousuf Dar

Química medicinal

Mohd Yousuf Dar

Química medicinal

ScienciaScripts

Imprint
Any brand names and product names mentioned in this book are subject to trademark, brand or patent protection and are trademarks or registered trademarks of their respective holders. The use of brand names, product names, common names, trade names, product descriptions etc. even without a particular marking in this work is in no way to be construed to mean that such names may be regarded as unrestricted in respect of trademark and brand protection legislation and could thus be used by anyone.

Cover image: www.ingimage.com

This book is a translation from the original published under ISBN 978-620-2-07926-6.

Publisher:
Sciencia Scripts
is a trademark of
Dodo Books Indian Ocean Ltd. and OmniScriptum S.R.L publishing group

120 High Road, East Finchley, London, N2 9ED, United Kingdom
Str. Armeneasca 28/1, office 1, Chisinau MD-2012, Republic of Moldova, Europe
Printed at: see last page
ISBN: 978-620-8-02888-6

ÍNDICE DE CONTEÚDOS

CAPÍTULO 1

Introdução geral

A utilização da medicina tradicional e das plantas medicinais na maioria dos países em desenvolvimento, numa base normativa, para a manutenção de uma boa saúde tem sido amplamente observada. A medicina, em vários países em desenvolvimento, utilizando tradições e crenças locais, continua a ser a base dos cuidados de saúde (Lev et al., 2000)

Os produtos naturais ocupam um lugar especial na descoberta de medicamentos, tendo proporcionado numerosos medicamentos que salvam vidas e descobertas médicas, em especial no tratamento de doenças infecciosas, cancro, hipercolesterolemia e perturbações imunológicas. Muitos medicamentos aprovados para comercialização entre 1980 e 2010 devem a sua existência a produtos naturais descobertos principalmente a partir de plantas, actinomicetos, bactérias e fontes fúngicas. O estudo dos produtos naturais foi sempre o ponto de partida da disciplina da química a nível mundial. Esta observação deve-se à importância dos compostos orgânicos na agricultura, na medicina e na indústria. Atualmente, todos os estudantes e cientistas sentem a necessidade de adquirir mais conhecimentos neste domínio fascinante que revela segredos naturais. As plantas são a fonte de pesticidas naturais, agentes citotóxicos que constituem excelentes pistas para o desenvolvimento de novos medicamentos. De acordo com a Organização Mundial de Saúde (OMS), as plantas medicinais podem ser a melhor fonte para obter uma variedade de medicamentos. A este respeito, tem aumentado o interesse nos produtos naturais para combater doenças infecciosas e nas suas investigações adicionais, a fim de compreender melhor as suas propriedades, segurança e eficácia.

Um produto natural é um composto químico ou uma substância produzida por um organismo vivo - encontrado na natureza - que normalmente tem uma atividade farmacológica ou biológica para utilização na descoberta e conceção de medicamentos farmacêuticos. Estas pequenas moléculas constituem a fonte ou a inspiração para a maioria dos agentes aprovados pela FDA e continuam a ser uma das principais fontes de inspiração para a descoberta de medicamentos. Em particular, estes compostos são importantes para o tratamento de doenças potencialmente fatais. O paclitaxel (Taxol), a quinina, a artemesinina, a tetrodotoxina (Fig. 1.1), etc., são alguns dos compostos potentes utilizados no tratamento de doenças mortais como o cancro, a tuberculose, a malária, etc. A malária é endémica em mais de 100 países das zonas tropicais e subtropicais. Na última década, o número de casos de malária aumentou a um ritmo alarmante, sobretudo em África. Este facto deve-se provavelmente à crescente resistência aos medicamentos antimaláricos. No início de 1998, após as chuvas do El Niño, foram registadas no nordeste do Quénia taxas de mortalidade tão elevadas como treze por dia por cada 10.000 pessoas, entre as comunidades de refugiados somalis. A quinina e a artemesinina são os medicamentos antimaláricos mais conhecidos com propriedades anti-inflamatórias. A tetrodotoxina, frequentemente abreviada como TTX, é uma neurotoxina potente, enquanto o taxol é considerado um dos melhores agentes anticancerígenos. Recentemente, verificou-se que, embora o agente antimalárico artemisinina em si não seja ativo contra a tuberculose, a sua conjugação com um análogo de sideróforo (quelante de ferro microbiano) específico de micobactérias induz uma atividade antituberculose significativa e selectiva, incluindo atividade contra estirpes de *Mycobacterium tuberculosis* multi e extensivamente resistentes aos medicamentos. A parte conjugada também mantém uma potente atividade antimalárica (Marvin et al., 2011)

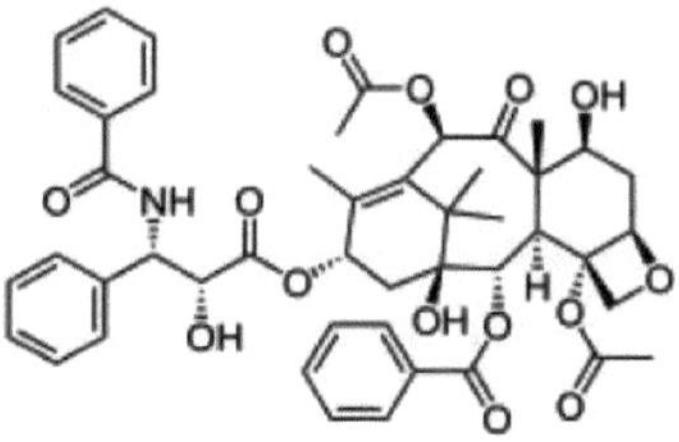

Paclitaxel (Taxol)

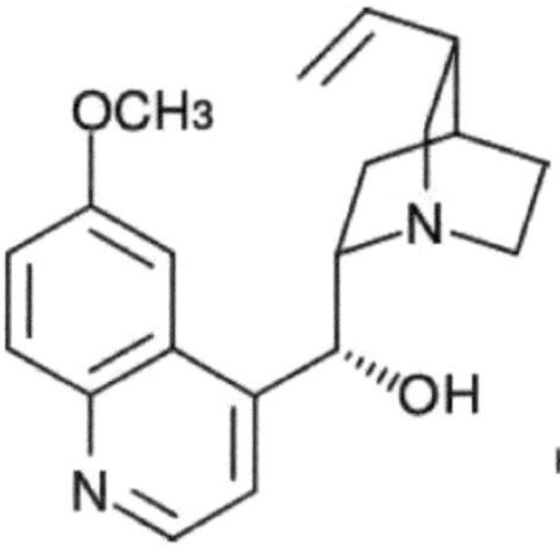

Quinine

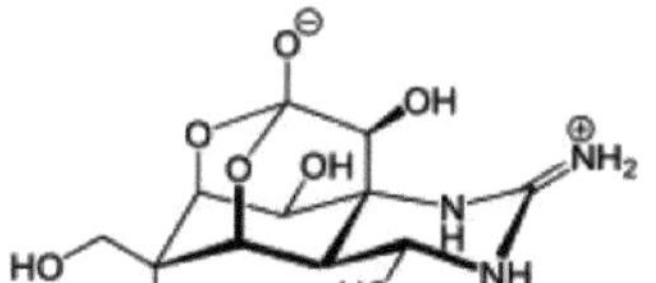

Tetrodotoxin

Fig-1.1: Estrutura química de alguns compostos orgânicos potentes.

CAPÍTULO 2

Metabolitos secundários de origem vegetal

O mecanismo pelo qual um organismo biossintetiza *"metabolitos secundários"* (produtos naturais) é frequentemente considerado único para um organismo ou é uma expressão da individualidade de uma espécie e é referido como *"metabolismo secundário"* (Maplestone et al., 1992). Os metabolitos secundários não são geralmente essenciais para o crescimento, o desenvolvimento ou a reprodução de um organismo e são produzidos como resultado da adaptação do organismo ao ambiente circundante ou para atuar como um possível mecanismo de defesa contra predadores para ajudar na sobrevivência do organismo (Colegate et al., 2008). A biossíntese de metabolitos secundários deriva dos processos fundamentais da fotossíntese, da glicólise e do ciclo de Krebs para obter intermediários biossintéticos, o que acaba por resultar na formação de metabolitos secundários. Pode ver-se que, embora o número de blocos de construção seja limitado, a formação de novos metabolitos secundários é infinita. Os blocos de construção mais importantes utilizados na biossíntese de metabolitos secundários são os derivados dos intermediários: Acetil coenzima A (acetil-CoA), ácido chiquímico, ácido mevalónico e 1-deoxixilulose-5-fosfato. Estão envolvidos em inúmeras vias biossintéticas, envolvendo numerosos mecanismos e reacções diferentes (por exemplo, alquilação, descarboxilação, formação de bases de aldol, Claisen e Schiff (Dewick., 2002).

Algumas das potenciais moléculas líderes importantes, como a podofilotoxina, a camptotecina, o taxol, a vincristina e a vinblastina, são moléculas puramente anticancerígenas de origem vegetal. Atualmente, existem no mercado mais de 125 medicamentos clinicamente úteis de constituição conhecida que devem a sua existência à ocorrência em plantas. Alguns dos compostos bioactivos representativos isolados de origem vegetal são apresentados na figura 1.2.

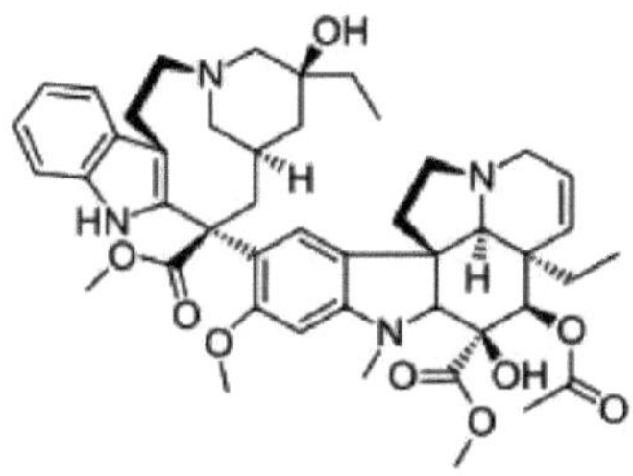

Vinblastina

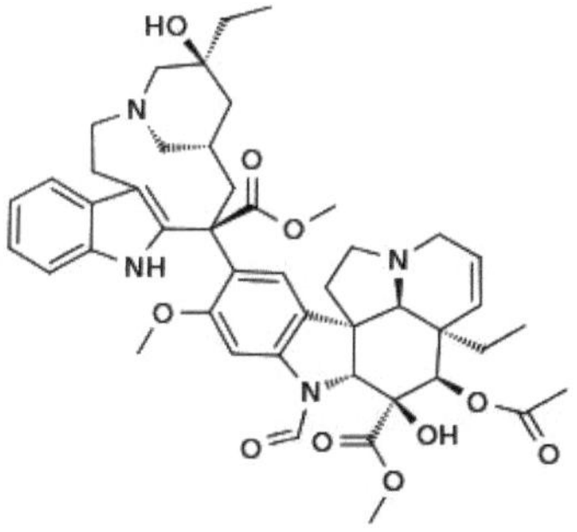

Vincristina

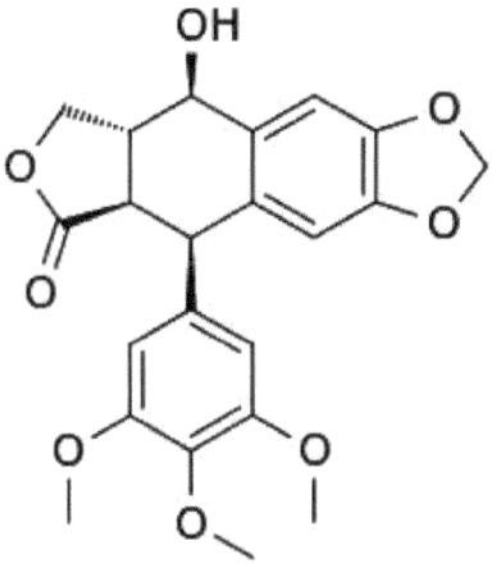

Podofilotoxina

Fig 1.2 Compostos bioactivos representativos isolados da origem vegetal

A Índia ocupa uma posição única no mundo, onde o sistema tradicional de medicina é praticado desde tempos remotos, sendo a Ayurveda o mais antigo. Para além do Ayurveda, o Siddha, o Unani, a homeopatia e a naturopatia, o sistema de medicina tibetana é regularmente praticado para cuidados de saúde. Estes sistemas baseiam-se em plantas. A Ayurveda contribui com 85%, seguida pela homeopatia (8%), Siddha (4%) e Unani (3,5%). As plantas medicinais são utilizadas no sistema tradicional de medicina, em produtos de venda livre (OTC) não sujeitos a receita médica que envolvem partes de plantas, extractos, galénicos e fitofármacos. As investigações fitoquímicas de várias plantas medicinais levaram à identificação de um grande número de compostos que foram classificados em algumas classes amplas, tendo cada classe a sua identidade estrutural única que dá origem a uma importância terapêutica particular. As várias classes de compostos e a sua importância farmacológica foram enumeradas do seguinte modo

Terpenóides

Representa a classe principal, quase omnipresente e quimicamente interessante, de produtos naturais com uma estrutura de carbono composta por cinco unidades de isopreno. As moléculas de terpenóides são importantes para a sobrevivência das plantas e possuem propriedades químicas e biológicas que são benéficas para os seres humanos. Apresentam uma atividade imunomoduladora, inibindo a proliferação de células T activadas. Estes constituintes bioactivos exercem uma atividade cicatrizante da úlcera gástrica, bem como uma proteção da mucosa gástrica. Os sesquiterpenos de baixo peso molecular estimulam a síntese local de muco e a produção de prostaglandinas pela mucosa gástrica. Também estimulam ou inibem a fagocitose. São também conhecidos por terem actividades antioxidantes e antivirais. (Grassmann., 2005; Risco et al.,2007). A maioria das agliconas e saponinas triterpenóides tem atividade antiedema e atividade hipoglicémica, o que faz com que estes compostos sejam medicamentos de eleição para o tratamento da obesidade e da artrite. Os terpenóides das leguminosas comestíveis e da soja apresentam atividade anti-cancerígena. (Canigueral., 2003) Os terpenóides também actuam como agentes anti-HIV-1 e como antifeedantes de insectos. São também conhecidos por possuírem actividades anti-diabéticas (Farias et al., 1997) e anti-neoplásicas (Sultana et al., 2002).

Cumarinas

Trata-se de benzopironas naturais amplamente distribuídas em plantas umbelíferas (Tayebjee et al., 2005). As aplicações farmacológicas, bioquímicas e terapêuticas das cumarinas simples dependem do padrão de substituição. As cumarinas são utilizadas em perfumes, desodorizantes, sabonetes, tabaco como agente aromatizante e bebidas. As cumarinas podem ocorrer livres ou combinadas com o açúcar e podem apresentar actividades anticoagulantes, fungicidas e antitumorais (Borges et al., 2005). Os compostos mais complexos baseados no núcleo da cumarina incluem os anticoagulantes dicumarol/warfarina, as aflatoxinas e os psolarens (agentes fotossensibilizadores). As cumarinas têm sido utilizadas contra a elefantíase (Casley-Smith et al., 1993). Foram também utilizadas como vasorelaxantes e hepatoprotectores (Reng et al., 1994). Algumas das cumarinas representativas são as seguintes (fig. 1.3)-

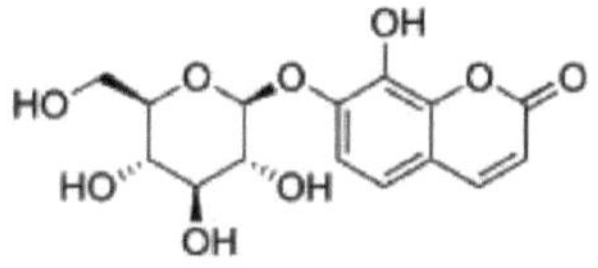

Daphnin

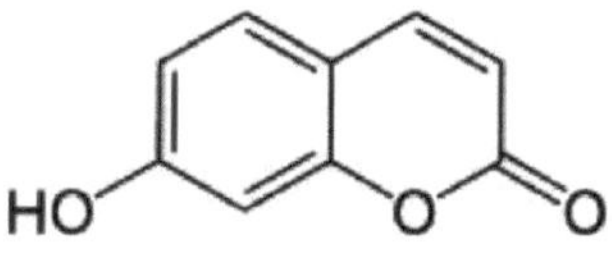

umbeliferona

Fig. 1.3 Algumas cumarinas representativas de origem vegetal.

Flavonóides

Estes representam uma grande família de metabolitos secundários polifenólicos de baixo peso molecular que se encontram amplamente distribuídos por todo o reino vegetal. Mais de 6000 flavonóides diferentes, incluindo tanto agliconas como glicosídeos, foram isolados de plantas e o número continua a aumentar. (Harborne et al., 2002). Sabe-se que os flavonóides têm actividades anti-inflamatórias (Guardia et al., 2001), antivirais (Dua et al., 2003) e antimicrobianas (Cushnie et al., 2005). Os flavonóides têm sido referidos como "modificadores da resposta biológica da natureza" devido à sua capacidade inerente de modificar a reação do organismo a alergénios, vírus e agentes cancerígenos. (Neuhouser ., 2004). Alguns dos flavonóides representativos são apresentados na fig. 1.4

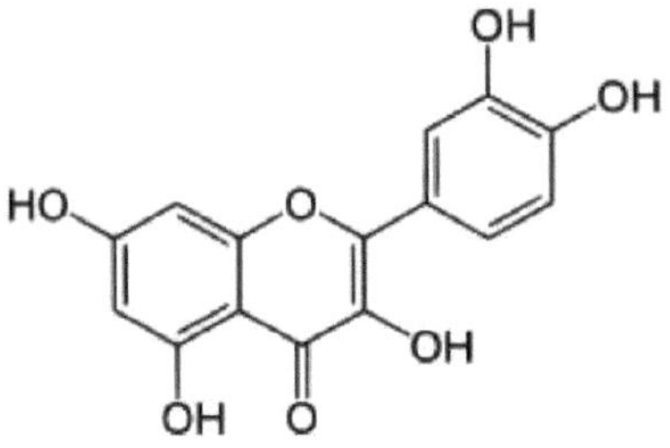

Quercetina

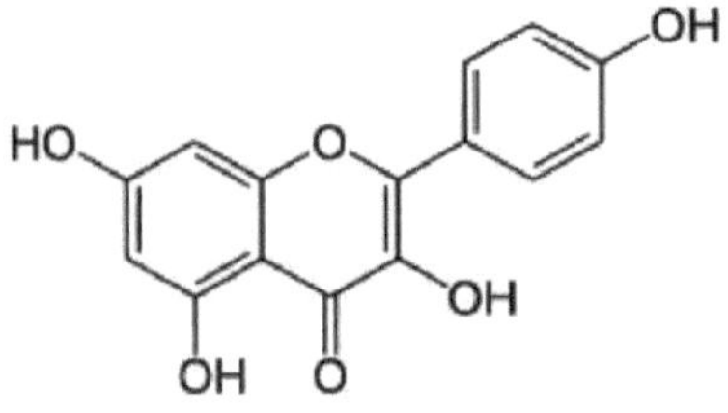

Kaemferol

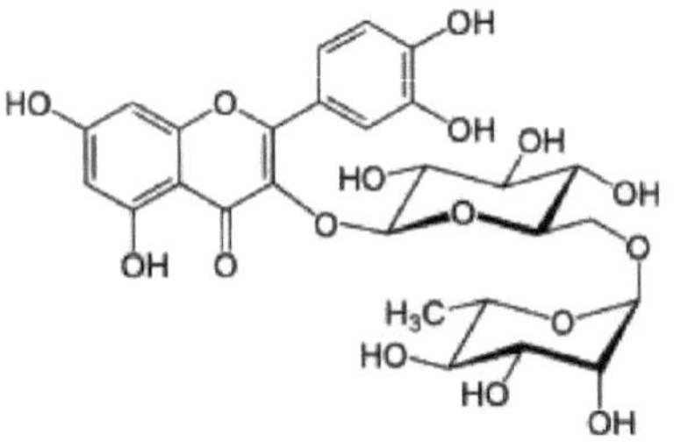

Rutina

Fig. 1.4 Algumas flavonas representativas de origem vegetal.

Lignanas

Os lignanos compreendem uma classe de produtos naturais que são derivados do ácido cinâmico e estão bioquimicamente relacionados com o metabolismo da fenilalanina. Muitos lignanos, como a podofilotoxina e os seus derivados, são conhecidos pela sua atividade fisiológica e representam fármacos de eleição para vários tipos de cancro. A podofilotoxina, isolada da *Podophyllum hexandrum*, é um lignano de importância terapêutica bem conhecido pela sua atividade antitumoral. Actua como inibidor da montagem de microtúbulos e detém o ciclo celular em metafase (Buss et al., 1995; Gordaliza et al 2000).

Alcalóides

Estes representam os subprodutos metabólicos de origem aminoacídica e incluem um enorme número de compostos azotados e amargos conhecidos pelas suas bioactividades. Muitos alcalóides encontram aplicações como ingredientes farmacológicos. A ergotamina tem sido amplamente utilizada para aliviar as enxaquecas através da constrição dos vasos sanguíneos. A hordenina é um alcaloide fenil etilamina potente com propriedades antibacterianas e antibióticas, para além da sua caraterística de ajudar na perda de peso. A atropina, um alcaloide tropano, é utilizada como cicloplégico, para paralisar temporariamente o reflexo de acomodação (Snodderly., 1995) e como midriático, para dilatar as pupilas. A pepaverina, um alcaloide do ópio utilizado principalmente no tratamento de espasmos viscerais, vasoespasmos, especialmente os que envolvem o coração e o cérebro, e ocasionalmente no tratamento da disfunção erétil. O ópio e os seus outros derivados são utilizados como anestésicos potentes, para além de terem propriedades narcóticas.

Xantonas

Fenóis vegetais biologicamente activos encontrados em algumas plantas tropicais selecionadas. São benéficos em muitas condições de distúrbios, incluindo alergias, infecções (microbianas, fúngicas, virais), (Sahelian., 1997) nível elevado de colesterol, inflamações, problemas de pele, distúrbios gastrointestinais e fadiga (Didna et al., 2007). Verificou-se que as xantonas apoiam e melhoram o sistema imunitário do organismo. Também apresentam uma forte atividade antioxidante, mais potente do que a vitamina C e a vitamina E. São designadas como super antioxidantes, que são benéficas para neutralizar os radicais livres no organismo. Está provado que as xantonas têm efeitos benéficos em algumas doenças cardiovasculares, incluindo doenças isquémicas do coração, aterosclerose, hipertensão e trombose.

CAPÍTULO 3

Fontes de produtos naturais

Os produtos naturais podem ser extraídos de tecidos de plantas terrestres, organismos marinhos ou caldos de fermentação de microrganismos. Um extrato bruto de qualquer uma destas fontes contém normalmente compostos químicos novos e estruturalmente diversos. A diversidade química na natureza baseia-se na diversidade biológica e geográfica, pelo que os investigadores viajam por todo o mundo para obter amostras para analisar e avaliar em testes de descoberta de medicamentos ou bioensaios. Este esforço de procura de produtos naturais é conhecido como "Bioprospecção".

Os novos metabolitos secundários bioactivos derivados de fontes fúngicas deram origem a alguns dos produtos naturais mais importantes para a indústria farmacêutica (Cragg et al., 2005). Em 1953, Edmund Kornfeld isolou pela primeira vez a vancomicina (Lightfoot., 1977), um antibiótico glicopeptídeo produzido em culturas de *Amycolatopsis orientalis*, que é ativo contra uma vasta gama de organismos gram-positivos, como os *estafilococos* e *os estreptococos*, e contra bactérias gram-negativas, micobactérias e fungos, tendo sido aprovado pela FDA em 1958. É utilizada para o tratamento de infecções graves e contra organismos susceptíveis em doentes hipersensíveis à penicilina (Butler., 2004). Desde então, foi obtido um grande número de compostos bioactivos a partir de microrganismos, como o cloridrato de amrubicina, a doxorrubicina, o ácido torriânico, a eritromicina, etc.

Embora as plantas tenham provado ser uma nova fonte de produtos naturais bioactivos, o ambiente marinho tem um historial claro de oferecer também novas entidades estruturais. A exploração do ambiente marinho e dos organismos (algas, esponjas, ascídias, tunicados e briozoários) tornou-se possível graças ao mergulho moderno e à introdução de veículos operados remotamente (ROV) em 1990. Estes avanços progressivos nos últimos 40 anos de exploração do ambiente marinho resultaram no isolamento de milhares de produtos naturais marinhos bioactivos estruturalmente únicos, incluindo Ziconotide, Plitidepsin, Ecteinascidin, Trabectedin (Alder **., 1970**), etc.

Rastreio de produtos naturais

A farmacognosia fornece as ferramentas para identificar, selecionar e processar produtos naturais destinados a uso medicinal. Normalmente, o composto do produto natural tem alguma forma de atividade biológica e esse composto é conhecido como o princípio ativo - essa estrutura pode atuar como um composto principal. Muitos dos medicamentos actuais são obtidos diretamente de uma fonte natural. Por outro lado, alguns medicamentos são desenvolvidos a partir de um composto principal originalmente obtido de uma fonte natural. Isto significa o composto de chumbo:

- pode ser produzido por síntese total, ou
- pode ser um ponto de partida (precursor) para um composto semi-sintético, ou
- pode atuar como um modelo para um composto sintético total estruturalmente diferente.

As plantas sempre foram uma fonte rica de compostos de chumbo, por exemplo, alcalóides, morfina, cocaína, digitalis, quinina, tubocurarina, nicotina e muscarina. Muitos destes compostos de chumbo são medicamentos úteis em si mesmos e outros serviram de base a medicamentos sintéticos, por exemplo, anestésicos locais desenvolvidos a partir da cocaína. Os medicamentos clinicamente úteis que foram recentemente isolados de plantas incluem o agente anticancerígeno paclitaxel (Taxol) do teixo e o agente antimalárico artemisinina da *Artemisia annua.* As principais classes de moléculas incluem os terpenóides, os fitoesteróis, os alcalóides, os fenóis naturais e os polifenóis. A malária continua a ser uma doença difícil de erradicar, em grande parte devido à grande quantidade de populações que afecta e à resistência que os parasitas da malária desenvolveram contra terapias muito potentes (Bryan et al., 2013)

Os microrganismos, tais como as bactérias e os fungos, têm sido inestimáveis para a descoberta de fármacos e de compostos líderes. Estes microrganismos produzem uma grande variedade de agentes antimicrobianos que evoluíram para dar aos seus hospedeiros uma vantagem sobre os seus concorrentes no mundo microbiológico. O rastreio de microrganismos tornou-se muito popular após a descoberta da penicilina. Foram recolhidas amostras de solo e de água em todo o mundo para estudar novas estirpes bacterianas ou fúngicas, o que deu origem a um impressionante arsenal de agentes antibacterianos, como as cefalosporinas, as tetraciclinas, os aminoglicosídeos, as rifamicinas e o cloranfenicol. Embora a maioria dos fármacos derivados de microrganismos seja utilizada na terapêutica antibacteriana, alguns metabolitos microbianos forneceram compostos líderes noutros domínios da medicina. Por exemplo, a asperlicina - isolada do *Aspergillus alliaceus* - é um novo antagonista de uma hormona peptídica chamada colecistoquinina (CCK), que está envolvida no controlo do apetite. A CCK actua igualmente como um neurotransmissor no cérebro e pensa-se que esteja envolvida nos ataques de pânico. Os análogos da asperlicina podem, por conseguinte, ter potencial no tratamento da ansiedade. Outros exemplos incluem o metabolito fúngico lovastatina, que foi o principal composto de uma série de medicamentos que reduzem os níveis de colesterol, e outro metabolito fúngico chamado ciclosporina, que é utilizado para suprimir a resposta imunitária após operações de transplante.

Nos últimos anos, tem havido um grande interesse em encontrar compostos de chumbo a partir de fontes marinhas. Os corais, as esponjas, os peixes e os microrganismos marinhos possuem uma grande quantidade de substâncias químicas biologicamente potentes com uma interessante atividade inflamatória, antiviral e anticancerígena. Por exemplo, a curacin-A é obtida a partir de uma cianobactéria marinha e apresenta uma potente atividade antitumoral. Outros agentes antitumorais derivados de fontes marinhas incluem eleutherobina, discodermolida, brioestatinas, dolostatinas e cefalostatinas. Os produtos naturais salinosporamida também actuam como agentes quimioterapêuticos promissores contra o cancro (Gulder et al., 2010)

Os animais podem, por vezes, ser uma fonte de novos compostos de chumbo. Por exemplo, uma série de péptidos antibióticos foi extraída da pele da rã de garras africana e um potente composto analgésico chamado epibatidina foi obtido a partir dos extractos de pele da rã venenosa equatoriana.

Os venenos e as toxinas de animais, plantas, cobras, aranhas, escorpiões, insectos e microrganismos são extremamente potentes porque têm frequentemente interações muito específicas com um alvo macromolecular no corpo. Consequentemente, revelaram-se ferramentas importantes no estudo de receptores, canais iónicos e enzimas. Muitas destas toxinas são polipéptidos (por exemplo, a-bungarotoxina das cobras). No entanto, as toxinas não peptídicas, como a tetrodotoxina do baiacu, são também extremamente potentes. A tetrodotoxina, frequentemente abreviada como TTX, é uma neurotoxina potente. A tetrodotoxina bloqueia os potenciais de ação nos nervos, ligando-se aos canais de sódio rápidos e dependentes da voltagem nas membranas das células nervosas, impedindo essencialmente que as células nervosas afectadas disparem, bloqueando os canais utilizados no processo. O local de ligação desta toxina está localizado na abertura do poro do canal de Na^+ . A tetrodotoxina está a ser investigada como um possível tratamento para a dor associada ao cancro. Os primeiros ensaios clínicos demonstram um alívio significativo da dor em alguns doentes.

Os venenos e as toxinas têm sido utilizados como compostos principais no desenvolvimento de novos medicamentos. Por exemplo, o teprotide, um péptido isolado do veneno da víbora brasileira, foi o principal composto para o desenvolvimento dos agentes anti-hipertensores cilazapril e captopril.

CAPÍTULO 4

Fracionamento de plantas medicinais orientado para a bioatividade

Após a recolha e a identificação adequada por um taxonomista profissional, a planta é submetida a secagem à temperatura ambiente num local à sombra ou numa estufa com fluxo de ar e temperatura controlados. O material vegetal seco ou estabilizado é pulverizado e submetido a um processo de extração adequado, de acordo com procedimentos operacionais normalizados.

Os extractos são submetidos a técnicas cromatográficas padrão de fracionamento e isolamento de moléculas bioactivas, como se mostra na Figura-1.5

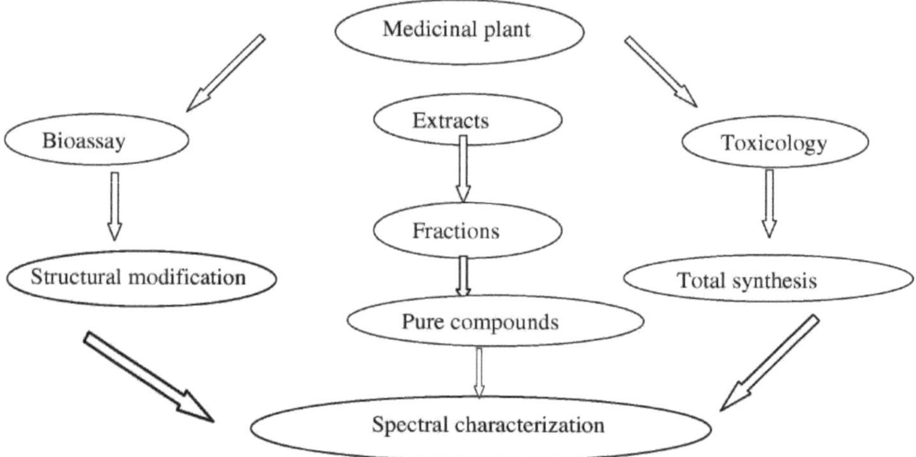

Figure 1.5. Methods of obtaining active substances from plants

Esta estratégia é designada por fracionamento guiado pela bioatividade. Os bioensaios podem ser realizados utilizando microrganismos, moluscos, insectos, sistemas celulares (enzimas, receptores, etc.), cultura de células (animais e humanas) e órgãos isolados ou *in vivo* (mamíferos, anfíbios, aves, etc.) (Hamburger et al., 1991; Brito et al., 1996)

Isolamento e purificação

Se o composto de chumbo ou princípio ativo estiver presente numa mistura de outros compostos de uma fonte natural, tem de ser isolado e purificado. A facilidade com que o princípio ativo pode ser isolado e purificado depende muito da estrutura, estabilidade e quantidade do composto. Por exemplo, Alexander Fleming reconheceu as qualidades antibióticas da penicilina e a sua notável natureza não tóxica para os seres humanos, mas não a considerou um medicamento clinicamente útil porque não conseguiu purificá-la. Conseguia isolá-la numa solução aquosa, mas sempre que tentava remover a água, o fármaco era destruído. Foi só com o desenvolvimento de novos procedimentos experimentais, como a liofilização e a cromatografia, que se tornou possível isolar e purificar com êxito a penicilina e outros produtos naturais.

Síntese

Nem todos os produtos naturais podem ser totalmente sintetizados e muitos produtos naturais têm estruturas muito complexas que são demasiado difíceis e dispendiosas de sintetizar à escala industrial. Estes incluem medicamentos como a penicilina, a morfina e o paclitaxel (Taxol). Estes compostos podem ser obtidos principalmente a partir da sua fonte natural - um processo que pode ser fastidioso, demorado e dispendioso. Atualmente, a química sintética é utilizada como uma ferramenta poderosa para a preparação de melhores análogos de diferentes fármacos

CAPÍTULO 5

Produtos naturais - Necessidades e perspectivas

O termo "produtos naturais" abrange uma gama extremamente vasta e diversificada de compostos químicos derivados e isolados de fontes biológicas. Estes produtos naturais incluem um organismo inteiro, como uma planta, um animal ou um microrganismo que não tenha sido sujeito a qualquer tipo de processamento ou tratamento para além de um simples processo de preservação. Podem ser até mesmo parte de um organismo, como folhas ou flores de uma planta, um órgão animal isolado. Incluem também um extrato de um organismo ou parte de um organismo e exsudados. Podem ser compostos puros, tais como alcalóides, cumarinas, flavonóides, glicosídeos, lignanas, esteróides, açúcares, terpenóides, etc., isolados de plantas, animais ou microrganismos. No entanto, na maioria dos casos, o termo "produtos naturais" refere-se a metabolitos secundários, pequenas moléculas (mol wt <2000 amu) produzidas por um organismo que não são necessariamente para a sobrevivência do organismo.

Os produtos naturais desempenhavam um papel proeminente nos antigos sistemas de medicina tradicional, como o chinês, o ayurvédico e o egípcio, que ainda hoje são de uso comum. De acordo com a Organização Mundial de Saúde (OMS), 75% das pessoas ainda dependem de medicamentos tradicionais à base de plantas para os cuidados de saúde primários a nível mundial. Nos últimos anos, tem-se observado, tanto no meio académico como nas empresas farmacêuticas, um reavivar significativo do interesse pelos produtos naturais como fonte potencial de novos medicamentos. De acordo com uma estimativa aproximada, 40% dos medicamentos modernos em uso foram desenvolvidos a partir de produtos naturais. A utilização de produtos naturais com propriedades terapêuticas é tão antiga como a civilização humana e, durante muito tempo, os produtos minerais, vegetais e animais foram a principal fonte de medicamentos. A revolução industrial e o desenvolvimento da química orgânica resultaram numa preferência por produtos sintéticos para o tratamento farmacológico. As razões para tal foram o facto de os compostos puros serem facilmente sintetizados com o advento das técnicas modernas. As modificações estruturais para produzir fármacos potencialmente mais activos e mais seguros podem ser facilmente realizadas e o poder económico das empresas farmacêuticas está a aumentar.

Cerca de 25% dos medicamentos prescritos em todo o mundo provêm de plantas. Dos 252 medicamentos considerados básicos e essenciais pela Organização Mundial de Saúde (OMS), 11% são exclusivamente de origem vegetal e um número significativo são medicamentos sintéticos obtidos a partir de precursores naturais. O interesse pelos medicamentos à base de plantas e pela medicina natural está a passar por um renascimento na era atual. Os produtos derivados de plantas representam cerca de 25% do número total de medicamentos utilizados clinicamente. Tem sido referido que as plantas e outras fontes de produtos naturais são fontes superiores de diversidade molecular e de quimiotipos moleculares, particularmente nos domínios em que não existem boas pistas sintéticas. Apesar da concorrência de outros métodos de descoberta de medicamentos, os produtos naturais continuam a fornecer a sua quota-parte de novos candidatos clínicos e medicamentos. Entre 1981 e 2002, 5% das 1 031 novas entidades químicas aprovadas como medicamentos pela Food and Drug Administration (FDA) dos EUA eram produtos naturais e outros 23% eram moléculas derivadas de produtos naturais, como se pode ver na fig. 1.6

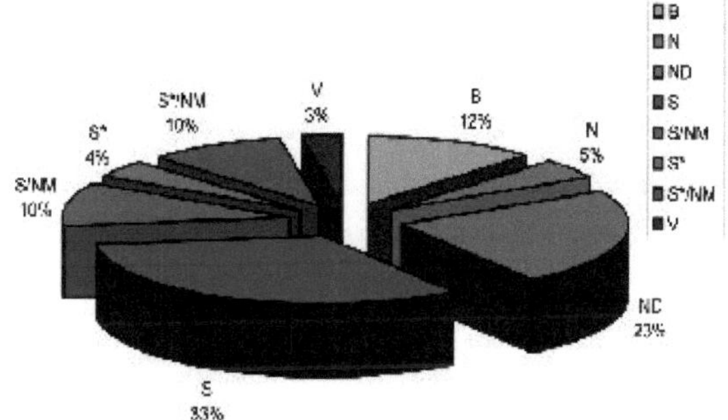

Figura 1.6.

"B": Biológica; geralmente um péptido ou proteína de grandes dimensões (>45 resíduos) isolado de um organismo/linhagem celular ou produzido por meios biotecnológicos num hospedeiro substituto. **"N":** Produto natural. **"ND":** Derivado de um produto natural e é geralmente uma modificação semi-sintética. "S": Fármaco totalmente sintético, frequentemente encontrado por rastreio aleatório/modificação de um agente existente. **"S*":** Produzido por síntese total, mas o farmacóforo é/era de um produto natural. "**V**"**:** Vacina. **"NM":** Mimetizador de produto natural

Cerca de 25.0000 espécies de plantas vivas contêm uma diversidade de compostos bioactivos muito maior do que qualquer biblioteca química criada pelo homem.

thA maior parte dos progressos da medicina moderna do século XX em matéria de cirurgia, quimioterapia do cancro e transplante de órgãos é atribuída à utilização de antibióticos. O aparecimento e a disseminação de bactérias resistentes aos antibióticos constituem, no entanto, problemas de saúde importantes que conduzem a desvantagens para um grande número de medicamentos (Brag et al., 2005; Schito et al., 2006). Consequentemente, tem havido um interesse crescente na utilização de inibidores da resistência aos antibióticos para a terapia combinada (Wright et al., 2005). Esta abordagem sugere a coadministração de agentes antimicrobianos e tem a vantagem de alargar a utilidade dos antibióticos com propriedades farmacológicas, toxicológicas e de tratamento conhecidas (Renau et al., 1998; Wright G.D.,2000). Neste contexto, aumentou o interesse pelos produtos naturais para combater as doenças infecciosas (Cowan M.M., 1999; Liu et al., 2001; Oumzil et al., 2002).

Nos últimos anos, tem-se dado muita atenção à substituição dos aditivos alimentares sintéticos, que podem ter efeitos adversos, por aditivos naturais à base de plantas (Paradiso *et al.,* 2008; Descalzo e Sancho, 2008). A utilização crescente de produtos à base de plantas exige uma atenção acrescida, com especial destaque para a sua segurança, eficácia e interações medicamentosas. Nas últimas décadas, está disponível um conjunto substancial de provas científicas que demonstram uma vasta gama de actividades farmacológicas e neutracêuticas das plantas medicinais (Burt, 2004; Celiktas *et al.,* 2006; Edris, 2007). Estas incluem actividades antioxidantes, anticancerígenas e anti-inflamatórias.

As doenças infecciosas causadas principalmente pela contaminação microbiana dos alimentos estão a tornar-se um grande problema no mundo, particularmente nas sociedades em desenvolvimento (Burt, 2004; Sokmen *et al.,* 2004; Sokovic et al.,2007; Hussain *et al.,* 2008). O consumo de alimentos infectados com micróbios é um sério desafio e uma ameaça para a saúde dos consumidores (Hussain *et al.,* 2008). O crescimento microbiano nos alimentos não só leva à diminuição do valor nutritivo e organolético dos produtos alimentares, como também gera várias toxinas que são prejudiciais para a saúde dos seres humanos (Celiktas *et al.,* 2006).

A natureza tem sido uma fonte de agentes medicinais desde há milhares de anos e um número impressionante de medicamentos modernos foi isolado de fontes naturais. As plantas produzem geralmente muitos metabolitos secundários que constituem uma fonte importante de microbicidas, pesticidas e muitos medicamentos. As plantas são a fonte de pesticidas naturais, agentes citotóxicos que constituem excelentes pistas para o desenvolvimento de novos medicamentos (Bobbarala et al., 2009). De acordo com a Organização Mundial de

Saúde (OMS), as plantas medicinais podem ser a melhor fonte para obter uma variedade de medicamentos. Por conseguinte, essas plantas devem ser investigadas para melhor compreender as suas propriedades, segurança e eficácia (Doughari., 2008).

Apesar da concorrência de outros métodos de descoberta de medicamentos, os produtos naturais continuam a fornecer a sua quota-parte de novos candidatos clínicos e medicamentos. Este facto foi recentemente demonstrado por Newman, Crag e Sneader, que analisaram o número de medicamentos derivados de produtos naturais presentes no total de lançamentos de 1981 a 2002. (Newman et al., 2007). Concluíram que os produtos naturais continuam a ser uma fonte significativa de novos medicamentos, especialmente nas áreas terapêuticas anticancerígena e anti-hipertensiva. Noutro estudo, Proudfoot referiu que 8 dos 29 medicamentos de pequenas moléculas lançados em 2000 eram derivados de produtos naturais ou de harmonas e concluiu que o rastreio de alto rendimento não teve um impacto significativo na derivatização destes medicamentos. Ao longo dos anos, o folclore medicinal provou ser um guia inestimável para o rastreio atual de medicamentos. Muitos fármacos modernos importantes, como a digitoxina, a aspirina, a tubocurarina, a ergometrina e a efedrina, foram descobertos por diferentes vias a partir das utilizações populares (Clardy et al., 2004; Rebecca et al., 2006; Cordell, G., 2000).

Além disso, numerosas outras espécies de plantas são utilizadas habitualmente por habitantes tribais e outros habitantes populares do estado para tratar doenças que envolvem inflamação, danos mediados por radicais livres e infecções microbianas. É necessário analisar e caraterizar essas plantas em vez de se basear numa crença tradicional mas esperançosa. Existe um vasto potencial para a avaliação e análise real de várias actividades destas plantas medicinais e aromáticas. A evolução das diferentes actividades biológicas do óleo essencial e de outros extractos de plantas é de grande importância nos dias de hoje no que diz respeito a novos medicamentos ou antibióticos. As plantas aromáticas e medicinais têm servido como reservatório de antibióticos e, a partir de agora, é possível encontrar alguns antibióticos novos nestas plantas através do isolamento sistemático e do rastreio para aplicações farmacêuticas. Estas plantas desempenham um papel vital na manutenção da saúde humana e contribuem para a melhoria da vida humana. Actuam como fonte importante de medicamentos, cosméticos, corantes, bebidas, etc. As plantas têm sido utilizadas como fonte de medicamentos desde os primórdios da civilização humana. [th]Apesar do enorme desenvolvimento no domínio da alopatia durante o século XX, as plantas continuam a ser uma das principais fontes de medicamentos nos sistemas de medicina moderna e tradicional em todo o mundo. Existe uma vasta informação anedótica sobre a atividade biológica das plantas, que inclui actividades do tipo anticancerígeno, antibacteriano, antifúngico e antioxidante. Mais de 60% dos agentes farmacêuticos são de origem vegetal (Sanjay et al., 2007). As plantas são consideradas laboratórios químicos de ponta, capazes de biossintetizar uma série de biomoléculas de diferentes classes químicas. Muitas delas são comprovadamente precursoras para o desenvolvimento de outros medicamentos (Bhagwati et al., 2003).

A Índia é um dos países com maior diversidade médico-cultural do mundo, onde o sector medicinal faz parte de uma tradição consagrada pelo tempo que ainda hoje é respeitada. Os estudos etnobotânicos e etnofarmacológicos de plantas medicinais continuam a atrair investigadores em todo o mundo. No cenário atual, a atenção dada à investigação sobre plantas aumentou em todo o mundo e um grande número de provas recolhidas demonstrou o imenso potencial das plantas medicinais utilizadas em vários sistemas tradicionais de medicina.

A química dos produtos naturais avançou regularmente numa ampla frente durante este século. O principal interesse na investigação de produtos naturais está agora a mudar gradualmente de problemas de carácter puramente químico para os de fenómenos bioquímicos e biológicos, alterando assim o padrão de pensamento do bioquímico, psicólogo, botânico, zoólogo, entomologista e microbiologista. O impulso original para a química dos produtos naturais veio da utilização de medicamentos naturais, que tem tido um carácter em parte científico e em parte comercial. Um inquérito da Organização Mundial de Saúde (OMS) indicou que cerca de 75-80% da população mundial recorre a medicamentos não convencionais, principalmente de origem vegetal, nos seus cuidados de saúde primários. Nos últimos 30-40 anos, tem havido uma explosão de informação científica sobre extractos brutos de plantas e várias substâncias de plantas como agentes medicinais. Até ao início do século XIX, o homem continuou a utilizar uma vasta gama de destilados de plantas como medicamentos e como drogas que alteram a mente, sem compreender as suas propriedades mágicas. No entanto, com o avanço da ciência, tornou-se possível determinar rigorosamente os componentes activos destes extractos através de métodos químicos meticulosos e laboriosos. Esta abordagem racional à descoberta de medicamentos inaugurou a era da bioprospecção, ou seja, a exploração dos armazéns naturais de vida vegetal e microbiológica. A bioprospecção envolve literalmente a exploração das florestas, o mergulho nos oceanos e a escavação na terra para obter amostras ambientais. O estudo dos compostos descobertos por estes métodos tornou-se uma importante área de investigação em química orgânica, tendo conduzido ao isolamento e identificação de milhares de estruturas diferentes, maioritariamente extraídas de plantas e, mais recentemente, de microrganismos, sendo a contribuição do reino animal bastante escassa.

A quimioterapia padrão contra o cancro é frequentemente comprometida pelo desenvolvimento de resistência aos medicamentos e por efeitos secundários indesejáveis, em parte potencialmente fatais. Por conseguinte, existe uma necessidade urgente de novas opções de tratamento com caraterísticas melhoradas. É interessante notar que muitos compostos derivados de plantas, como o paciltaxel, a vinblastina ou a vincristina e o teniposido, são utilizados como medicamentos anticancerígenos. Tal como foi recentemente referido, os produtos naturais de plantas medicinais representam um terreno fértil para o desenvolvimento de novos agentes anticancerígenos (Efferth et al., 2002). Dado o enorme impacto medicinal e económico dos produtos farmacêuticos naturais, temos incentivos óbvios tanto para melhorar as actividades dos compostos existentes como para descobrir novos metabolitos.

Tendo em conta o cenário mundial e nacional das plantas medicinais, vale a pena efetuar investigações fitoquímicas de plantas medicinais raras e ameaçadas do vale de Caxemira, especialmente as que existem a grandes altitudes e que têm uma comprovada reivindicação medicinal folclórica.

Isto levou-nos a efetuar investigações fitoquímicas de plantas medicinais, nomeadamente *Arisaema propinquum, Artemisia sieversiana, Artemisia maritima, Caltha palustris e Nepeta salvifolia*

Informações gerais

Na perspetiva dos antigos pensamentos chineses que enfatizavam que a alimentação e a medicina eram isogénicas, existe atualmente um interesse renovado na utilização de plantas como fonte de alimentação e medicina. É bem sabido que as plantas são uma fonte rica em fitoquímicos bioactivos e nutrientes antioxidantes (Elless *et al.,* 2000). É amplamente aceite que certas classes de compostos à base de plantas, como a fibra alimentar, os ácidos fenólicos, os flavonóides, as vitaminas, os agentes antimicrobianos e os agentes neurofarmacológicos, desempenham um papel preventivo contra a incidência de algumas doenças comuns, como o cancro, as doenças cardiovasculares e neurodegenerativas (Siddhuraju e Backer, 2007; Fan *et al.*, 2007; Liu *et al.*, 2008). Na era científica moderna, vários alimentos, que para além de conferirem valores nutritivos normais, têm também benefícios fisiológicos e de proteção contra doenças e são conhecidos como "alimentos funcionais". O termo "alimentos funcionais fisiológicos" apareceu pela primeira vez na Nature News em 1993, com o título "Japan explores the boundaries between food and medicine".

Consequentemente, nos últimos anos, tem-se dado muita atenção à substituição dos aditivos alimentares sintéticos, que podem ter efeitos adversos, por aditivos naturais à base de plantas (Paradiso *et al.*, 2008; Descalzo e Sancho, 2008). A utilização crescente de produtos à base de plantas exige uma atenção acrescida, com especial destaque para a sua segurança, eficácia e interações medicamentosas. Nas últimas décadas, estão disponíveis provas científicas substanciais que demonstram uma vasta gama de actividades farmacológicas e neutracêuticas das ervas medicinais (Burt, 2004; Celiktas *et al.*, 2006; Edris, 2007). Estas incluem actividades antioxidantes, anticancerígenas e anti-inflamatórias.

As doenças infecciosas causadas principalmente pela contaminação microbiana dos alimentos estão a tornar-se um grande problema no mundo, particularmente nas sociedades em desenvolvimento (Burt, 2004; Sokmen *et al.*, 2004; Sokovic e Van Griensven, 2006; Hussain *et al.*, 2008). O consumo de alimentos infectados com micróbios constitui um sério desafio e uma ameaça para a saúde dos consumidores (Hussain *et al.*, 2008). O crescimento microbiano nos alimentos não só leva à diminuição do valor nutritivo e organolético dos produtos alimentares, como também gera várias toxinas que são prejudiciais para a saúde dos seres humanos (Celiktas *et al.*, 2006).

CAPÍTULO 6

Óleos essenciais

Os óleos essenciais, também conhecidos como óleos etéreos, são definidos como os óleos obtidos por destilação a vapor de plantas. Do ponto de vista das aplicações práticas, estes materiais podem ser definidos como corpos odoríferos de natureza oleosa, obtidos quase exclusivamente a partir de órgãos vegetais, tais como flores, folhas, cascas, madeira, raízes, rizomas, frutos e sementes de uma planta (Burt, 2004; Celiktas *et al.,* 2006; Skocibusic *et al.,* 2006). Um essencial é geralmente identificado com o nome da planta de origem. Os óleos essenciais são geralmente líquidos aromáticos e possuem um odor e uma essência agradáveis. O termo "óleo essencial" é frequentemente utilizado nas indústrias de cosméticos e perfumaria como sinónimo de óleo de perfume, base ou "composto" ou a mistura perfumada de líquidos, obtida através da destilação de plantas aromáticas (Burt, 2004). Os óleos essenciais são misturas de substâncias perfumadas ou misturas de substâncias perfumadas e inodoras. Uma substância perfumada é um composto quimicamente puro, que é volátil em condições normais e que, devido ao seu odor, pode ser útil para a sociedade (Gunther, 1952).

Os árabes foram os primeiros a desenvolver as técnicas de obtenção de óleo essencial a partir de materiais orgânicos naturais (Saeed, 1989). O médico árabe, Avicena, concebeu o protocolo para extrair o óleo essencial das flores por destilação no século X (Poucher, 1959; Pouchers, 1974). Isolou o perfume sob a forma de óleo ou attar das flores de rosa e produziu água de rosas. Assim, a primeira descrição da água de rosas foi registada por um historiador árabe, Ibn-e-Khulduae.

Quimicamente, os óleos essenciais são uma mistura complexa e altamente variável de constituintes que pertencem a dois grupos: terpenóides e compostos aromáticos. O nome terpeno deriva da palavra inglesa "Turpentine" (Guenther, 1952; Guenther, 1985). Os terpenos são os hidrocarbonetos insaturados que têm uma relação arquitetónica e química distinta com a molécula simples do isopreno $[CH_2{=\!=}C(CH_3){-}CH{=\!=}CH_2]$.

Monoterpenes

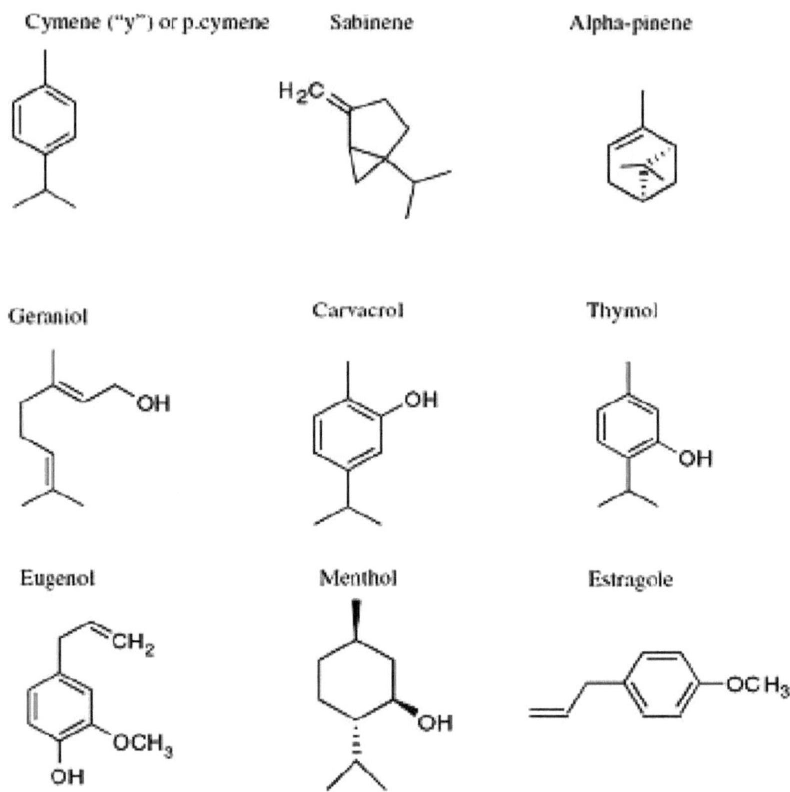

Sesquerpitenes

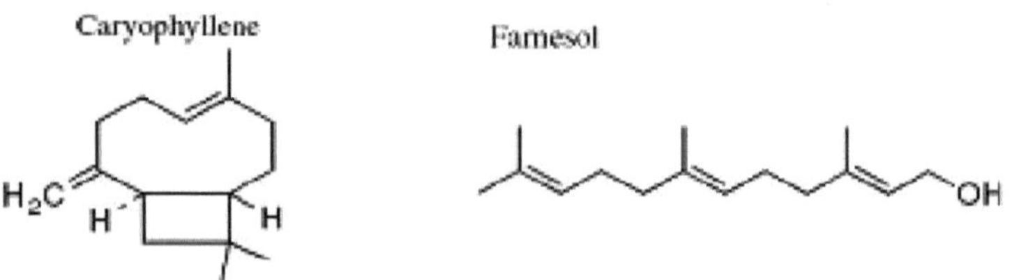

Figura 1.1. Estrutura química de alguns componentes principais dos óleos essenciais

Estes, de fórmula molecular $C_{10} H_{16}$, são assim constituídos por duas unidades de isopreno que se combinam por união cabeça-cauda (Gunther 1960: Pinder, 1960). Os óleos essenciais, para além dos terpenos $C_{10} H_{16}$, contêm frequentemente hidrocarbonetos mais completos com a mesma composição, mas de peso molecular mais elevado. A sua composição pode ser expressa pela fórmula geral $(C_5H_8)_n$. Para os monoterpenos n=2; para os diterpenos $(C_{20}H_{32})$ e sesquiterpenos $(C_{15}H_{24})_n$ é superior a 2 (Figura 1.1). Embora os óleos essenciais sejam constituídos por muitos tipos de compostos, os principais são os monoterpenos (Seigler, 1998).

Biossíntese de óleos essenciais (terpenos)

Consoante o número de subunidades de 2-metilbutadieno (isopreno), distinguem-se *hemi-* C_5 , *mono-* C_{10} , sesqui-C_{15} , di-C_{20} , *sester-* C_{25} , *tri-* C_{30} , tetraterpenos C_{40} e politerpenos $(C_5)_n$ [com n > 8]. A parte isopropil do 2-metilbutadieno é definida como a *cabeça* e o resíduo de etilo como a cauda. Nos mono, sesqui, di e sester-terpenos, as unidades de isopreno estão ligadas entre si da cabeça *à* cauda; os tri e tetraterpenos contêm uma ligação *cauda-cauda* no centro.

A acetil-coenzima *A,* também conhecida como ácido acético ativado, é o precursor biogenético dos terpenos. À semelhança da condensação de Claisen, dois equivalentes de acetil-CoA acoplam-se ao acetoacetil-CoA, que representa um análogo biológico do acetoacetato (Figura 1.2). Seguindo o padrão de uma condensação de Aldol, o acetoacetil-CoA reage com outro equivalente de acetil-CoA como nucleófilo de carbono para dar β-hidroxi- β-metilglutaril-CoA, seguido de uma redução enzimática com dinucleótido de adenina diidronicotinamida ($NADPH^+H^+$) na presença de água, formando ácido (*R*)-mevalónico. A fosforilação do ácido mevalónico pelo trifosfato de adenosina (ATP) através do monofosfato fornece o difosfato de ácido mevalónico que é descarboxilado e desidratado em pirofosfato de isopentenilo (isopentenildifosfato, IPP). Este último isomeriza-se na presença de uma isomerase que contém grupos -SH em pirofosfato de *γ,γ-dimetilalilo.* O grupo electrofílico alílico - CH_2 do pirofosfato de γ,γ-dimetilalilo e o grupo nucleofílico metileno do pirofosfato de isopentenilo ligam-se ao pirofosfato de geranilo como monoterpeno. A reação subsequente do difosfato de geranilo com um equivalente de difosfato de isopentenilo produz difosfato de farnesilo como sesquiterpeno.

O geranilgeranilpirofosfato como diterpeno (C_{20}) surge da ligação do isopentenilpirofosfato, com a sua cabeça nucliofílica, ao farnesilpirofosfato, com a sua cauda electrofílica. A formação de sesterterpenos (C_{25}) envolve uma ligação adicional cabeça-cauda de isopentenilpirofosfato (C_5) com geranilgeranilpirofosfato (C_{20}). Uma ligação de cauda a cauda de dois equivalentes de farnesilpirofosfato conduz ao esqualeno como triterpeno (C_{30}). Do mesmo modo, os tetraterpenos, como o carotenoide *16-iran5-fitoeno*, têm origem na dimerização cauda-a-cauda do geranilgeranilpirofosfato. Presume-se que a biogénese dos terpenos cíclicos e policíclicos envolva iões de carbono intermediários, mas só em alguns casos específicos foi possível comprovar a sua ocorrência *in vivo*. No caso simples dos monoterpenos monocíclicos, como o limoneno, o catião alílico remanescente após a separação do anião pirofosfato cicliza para um catião ciclohexilo que é desprotonado para *(R)*- ou (*S*)-limoneno.

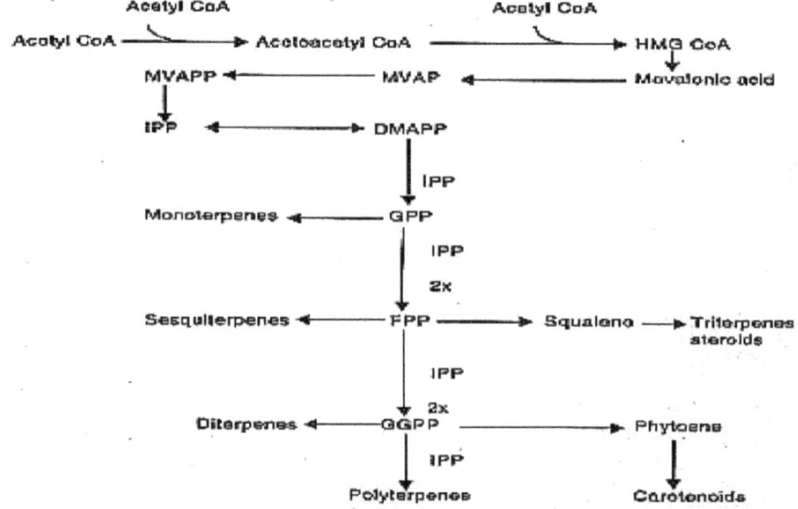

Figura 1.2. Via biossintética dos terpenos nas plantas superiores

A versão não clássica do ião de carbono intermediário (também referido como ião de carbono) resultante da dissociação do anião pirofosfato do farnesilpirofosfato explica a ciclização para vários iões de carbono cíclicos, como demonstrado para alguns sesquiterpenos. A diversidade adicional resulta de deslocamentos de 1, 2-hidreto e 1, 2-alquilo (rearranjos de Wagner-Meerwein) e de reacções sigmatrópicas (rearranjos de Cope); por outro lado, a formação de diastereómeros e enantiómeros indica que as ciclizações geram novos átomos de carbono assimétricos.

Assim, o ião carbénio não clássico resultante da dissociação do anião difosfato do pirofosfato de farnesilo permite a formação dos sesquiterpenos monocíclicos humulatrieno e germacratrieno após desprotonação. Um rearranjo de Cope do germacratrieno conduz ao elematrieno. A protonação do germacratrieno de acordo com a orientação de Markownikov fornece inicialmente o ião carbénio mais alquilado e, por conseguinte, mais estável, que sofre deslocações de 1,2-hidreto, resultando em iões carbénio bicíclicos com um esqueleto de eudesmano ou guaiano. As desprotonações subsequentes produzem eudesmadienes e guajadienes diastereoméricos. Por fim, os eudesmanes podem rearranjar-se em eremofilanos, envolvendo deslocações de 1,2-metilo.

Uma ciclização semelhante gera o esqueleto de 14 membros do cembreno, do qual derivam outros di-terpenos policíclicos. O 3, 7, 11, 15-cembratetraeno, mais conhecido como cembreno A, emerge diretamente do geranilgeranilpirofosfato envolvendo a 1, 14-ciclização do catião alílico resultante.

Fontes e isolamento de óleos essenciais

Os óleos essenciais são isolados de diferentes plantas aromáticas geralmente distribuídas em países mediterrânicos e tropicais em todo o mundo, onde são considerados uma componente imperativa dos sistemas de medicina nativa. A ocorrência de óleos essenciais é restrita a mais de 2000 espécies de plantas de cerca de 60 famílias diferentes, no entanto apenas cerca de 100 espécies são a base para a produção economicamente importante de óleos essenciais no mundo (Van de Braak e Leijten, 1999). A capacidade das plantas para acumular óleos essenciais é bastante elevada tanto nas Gimnospérmicas como nas Angiospérmicas, embora as fontes vegetais de óleos essenciais mais importantes do ponto de vista comercial estejam relacionadas com as Angiospérmicas. Estes óleos essenciais podem ser produzidos em quase todos os órgãos, tais como flores, botões, caules, folhas, frutos, sementes e raízes de plantas oleaginosas. Estes são acumulados em células secretoras, cavidades, canais e células epidérmicas (Burt, 2004; Chalchat e Ozcan, 2008; Hussain *et al.,* 2008; Anwar *et al.,* 2009a). Quase todas as plantas odoríferas contêm óleos essenciais. A matéria-prima a partir da qual os óleos essenciais são fabricados pode ser plantas frescas, parcialmente desidratadas ou secas (Ozcan, 2003; Hussain *et al.,* 2008).

A extração do óleo essencial depende principalmente da taxa de difusão do óleo através dos tecidos da planta até uma superfície exposta, de onde o óleo pode ser removido por vários processos. Existem diferentes métodos, dependendo da estabilidade do óleo, para a extração do óleo dos materiais vegetais. A destilação a vapor e a hidrodestilação ainda são utilizadas atualmente como os processos mais importantes para obter óleos essenciais das plantas (Baker *et al.,* 2000; Masango, 2004; Sokovic e Van Griensven, 2006). Outros métodos empregues para o isolamento de óleos essenciais incluem a utilização de dióxido de carbono líquido ou micro-ondas, destilação de baixa ou alta pressão empregando água a ferver ou vapor quente (Bousbia *et al.,* 2009; Donelian *et al.,* 2009). Os óleos essenciais obtidos por destilação a vapor ou por expressão são geralmente preferidos para aplicações alimentares e farmacológicas. Devido às propriedades bactericidas e fungicidas dos óleos essenciais, as suas utilizações farmacêuticas e alimentares estão a tornar-se mais importantes como alternativas aos produtos químicos sintéticos para proteger o equilíbrio ecológico (Burt, 2004). Por outro lado, para a indústria de perfumes, os óleos produzidos por extração com solventes lipofílicos e, por vezes, com dióxido de carbono supercrítico são mais apelativos (Donelian *et al.,* 2009). Dependendo do agroclima, do órgão da planta, da idade e da fase do ciclo vegetativo, a composição química dos óleos extraídos pode variar em qualidade e quantidade (Masotti *et al.*, 2003; Angioni *et al,* 2006).

A complexidade dos óleos essenciais constitui um verdadeiro desafio para a determinação dos seus dados de composição fiáveis e precisos. Os rápidos avanços nas técnicas espectroscópicas e cromatográficas alteraram totalmente o quadro do estudo químico dos óleos essenciais. Foram utilizadas muitas técnicas para estudar os perfis químicos dos óleos essenciais, por exemplo, espetroscopia de IV, espetroscopia de UV, espetroscopia de RMN, cromatografia gasosa (GC) e GC-MS (Bakkali *et al.,* 2008; Hussain *et al.,* 2008). A importância crescente dos óleos essenciais em vários domínios das actividades humanas, incluindo a farmácia, a perfumaria, os cosméticos, a aromaterapia e a indústria alimentar e de bebidas, levou a uma grande necessidade de métodos fiáveis para a análise de óleos essenciais. Estas necessidades foram satisfatoriamente satisfeitas pelas técnicas de GC e GC-MS (Jerkovic *et al.,* 2001; Delaquis *et al.,* 2002; Burt, 2004). A cromatografia gasosa provou ser um método eficiente para a caraterização de óleos essenciais (Bakkali *et al.*, 2008; Anwar *et al.*, 2009b). A combinação da cromatografia gasosa e da espetrometria de massa (GC-MS) permite uma identificação rápida e fiável dos constituintes dos óleos essenciais (Anwar *et al.*, 2009a).

O rendimento e a qualidade do óleo essencial de uma determinada fonte são consideravelmente afectados pelos métodos de processamento utilizados para o seu manuseamento e armazenamento (Van Vuuren *et al.,* 2007). Os óleos essenciais estão contidos em glândulas de óleo presentes na estrutura celular dos materiais vegetais. Embora os óleos essenciais possam ser produzidos a partir de uma população endémica, pode haver várias razões para uma composição diferente e, por conseguinte, a qualidade do óleo essencial de plantas aromáticas pode diferir muito. Os factores genéticos, fisiológicos e ambientais, bem como as condições de processamento, podem desempenhar um papel importante na definição da química e da composição química dos óleos essenciais (Masotti *et al.,* 2003; Angioni *et al.,* 2006). Além disso, a influência de factores ambientais e de factores de maturidade na diferenciação quimiotípica e nas variações físico-químicas dos óleos essenciais de muitas plantas também foi referida na literatura (Hussain *et al.,* 2008; Anwar *et al.,* 2009a).

Factores que afectam a acumulação de óleos essenciais

Os factores que determinam a composição e o rendimento do óleo essencial obtido são numerosos. Em alguns casos, é difícil separar estes factores uns dos outros, uma vez que muitos são interdependentes e influenciam-se mutuamente (Terblanche, 2000). Estas variáveis podem incluir variações sazonais e de maturidade, origem geográfica, variação genética, fases de crescimento, parte da planta utilizada e secagem e armazenamento pós-colheita (Marotti *et al.,* 1994; Hussain *et al.,* 2008; Anwar *et al.,* 2009b).

variações sazonais e de maturidade

Os factores sazonais e de maturidade estão interligados entre si, porque a fase de crescimento ontogénico específico será diferente à medida que a estação avança. Existem muitos relatórios na literatura sobre a variação do perfil químico dos óleos essenciais de várias plantas recolhidas durante diferentes estações (Celiktas *et al.,* 2007; Van Vuuren *et al.,* 2007; Hussain *et al.,* 2008). O rendimento dos óleos essenciais varia consideravelmente de mês para mês e é também influenciado pelo microambiente (sol ou sombra) em que a planta está a crescer (Juliani *et al.,* 2002). Pala-Paul *et al.* (2001) registaram variações mês a mês na composição do óleo essencial e no rendimento da planta *Santolina rosmarinifolia,* que podem ser atribuídas à precipitação e à temperatura. Os resultados obtidos por Badi *et al.,* (2004) para o óleo essencial de *Thymus vulgaris* (tomilho), também indicaram que o momento da colheita é crítico tanto para o rendimento como para a composição do óleo.

Variação geográfica

Há muitos relatos na literatura que mostram a variação no rendimento e na composição química do óleo essencial em relação às regiões geográficas (Uribe-Hernandez *et al.*, 1992; Celiktas *et al.*, 2007; Van Vuuren *et al.*, 2007). Viljoen *et al.* (2006) e Chalchat *et al.* (1995) relataram variações no rendimento e no perfil químico de óleos essenciais de populações de *Mentha longifolia* (L.) e *Tagetes minuta*, recolhidas de diferentes localizações geográficas, respetivamente. Tais diferenças podem estar ligadas às diferentes texturas do solo e à possível resposta de adaptação das diferentes populações, resultando na formação de diferentes produtos químicos, sem que sejam observadas diferenças morfológicas nas plantas (Hussain *et al.*, 2008).

A altitude parece ser outro fator ambiental importante que influencia o teor e a composição química do óleo essencial (Vokou *et al.*, 1993). O rendimento e a composição química dos óleos essenciais de *Origanum vulgare* ssp (Vokou *et al.*, 1993). Uribe-Hernandez *et al.* (1992) também relataram que o rendimento e a composição do óleo essencial variavam significativamente, dependendo dos locais onde as plantas cresciam. Os factores climáticos, como o calor e a seca, também foram relacionados com os perfis de óleo essencial obtidos (Uribe-Hermandez *et al.*, 1992; Milos *et al.*, 2001). Além disso, a preferência da planta por estas condições sugere que a composição genética da planta, mais do que o tipo de solo em que está a crescer, deve ter uma maior influência no perfil químico do óleo produzido (Terblanche, 2000; Milos *et al.*, 2001).

Variação genética

O genótipo é tipicamente definido como "a composição genética de um organismo, caracterizada pelo seu aspeto físico ou fenótipo", enquanto o quimiotipo é geralmente definido como "um grupo de organismos que produzem o mesmo perfil químico para uma determinada classe de metabolitos secundários". Foram observadas variações nos perfis químicos de óleos produzidos a partir de espécimes da mesma população e localização, demonstrando a presença de diferentes quimiotipos dentro desta espécie (Catalan e De Lampasona, 2002; Fouche *et al.*, 2002; Juliani *et al.*, 2002; Wink, 2003; Ahmad *et al.*, 2006). Galambosi e Peura (1996) cultivaram 24 populações de cominhos selvagens e 19 cultivadas nas mesmas condições e encontraram diferenças significativas entre a composição do óleo e os rendimentos dos tipos selvagens e cultivados. A composição genética da planta é um dos factores mais importantes que contribuem para a composição do seu óleo essencial (Graven *et al.*, 1990). Ahmad *et al.* (2006) relataram que a composição química dos óleos essenciais de Malta (*Citrus sinensis*), Mousami (*C. sinensis*), Toranja (*C. paradisi)* e Limão Eureka *(C. limon)* variava significativamente, o que pode ser devido à diferença na sua composição genética.

Outros factores que afectam o rendimento e a composição do óleo essencial

Outros factores que afectam as plantas em crescimento, conduzindo assim a variações no rendimento e na composição do óleo, incluem a parte da planta utilizada (Chalchat *et al.*, 1995; Santos-Gomes e Fernandes-Ferreira, 2001); secagem pós-colheita, tempo de exposição à luz solar (Burbott e Loomis, 1957), disponibilidade de água, altura acima do nível do mar (Galambosi e Peura, 1996), densidade da planta (Graven *et al,* 1990), a época de sementeira (Galambosi e Peura, 1996) e a presença de doenças fúngicas e de insectos (Graven *et al.*, 1990; Margina e Zheljazkov, 1994). A composição do óleo e o seu rendimento podem também variar em função dos métodos de colheita utilizados (Bonnardeaux, 1992), das técnicas de isolamento utilizadas (Moates e Reynolds, 1991), do teor de humidade das plantas no momento da colheita (Burbott e Loomis, 1957) e das condições de destilação a vapor prevalecentes.

Métodos de extração de óleos essenciais

Os métodos de isolamento de óleos essenciais podem ser classificados em enfleurage, destilação a vapor, extração com solventes, hidrodestilação e extração com fluido supercrítico. A hidrodestilação ou destilação a vapor é o método físico mais utilizado para isolar óleos essenciais do material botânico (Whish, 1996; Masango, 2004).

O princípio da destilação a vapor é que dois líquidos imiscíveis, quando misturados, exercem uma pressão de vapor, como se cada líquido fosse puro (Houghton e Raman, 1998) . A pressão de vapor total da mistura em ebulição é, portanto, igual à soma das pressões parciais exercidas por cada um dos componentes individuais da mistura. Quando a pressão total de vapor atinge a pressão atmosférica, a mistura começa a entrar em ebulição. Isto implica que o ponto de ebulição da mistura é atingido a uma temperatura mais baixa do que os pontos de ebulição dos componentes individuais. A destilação a vapor é, por conseguinte, capaz de separar os componentes voláteis dos não voláteis com uma redução do ponto de ebulição, evitando assim temperaturas extremas (Baker *et al.*, 2000; Donelian *et al.*, 2009). Além disso, a deslocação do oxigénio atmosférico pelo vapor, que protege os compostos da oxidação, é outro ponto positivo deste método (Krell, 1982). Uma das desvantagens deste processo é que os compostos hidrolisáveis, como os ésteres, bem como os componentes termicamente lábeis, podem ser decompostos durante o processo de destilação (Houghton e Raman, 1998). Para além disso, pode também ocorrer a perda parcial de componentes mais polares do óleo, devido à sua afinidade com a água (Baker *et al.*, 2000; Masango, 2004).

Embora a destilação a vapor seja muito popular para o isolamento de óleos essenciais à escala comercial e 93% dos óleos sejam produzidos por este processo, não é um método preferido nos laboratórios de investigação (Masango, 2004). Este facto deve-se provavelmente à indisponibilidade de geradores de vapor e de recipientes de destilação adequados. A maioria dos estudos que se centram no óleo essencial de ervas aromáticas utilizou a hidrodestilação em aparelhos do tipo Clevenger (Kulisic *et al.*, 2004; Sokovic e Griensven, 2006; Hussain *et al.*, 2008).

No processo de hidrodestilação, o material é imerso em água, que é aquecida até ao ponto de ebulição utilizando uma fonte de calor externa. Tanto na hidrodestilação como na destilação a vapor, os vapores condensam-se e o óleo é então separado da fase aquosa (Houghton e Raman, 1998). É necessário ter o cuidado de assegurar uma condensação eficaz do vapor, evitando assim a perda dos componentes mais voláteis do óleo.

Há relatos na literatura sobre a importância dos processos de hidrodestilação e de destilação a vapor. Na hidrodestilação, o material vegetal e a água são combinados no alambique e tudo é então levado à ebulição. A água quente extrai os óleos, tal como o vapor, e é levada para o condensador e arrefecida em hidrossol e óleo essencial. Este método produz um produto mais fino e mais completo, uma vez que a água quente é mais fresca do que a destilação a vapor e choca menos o material vegetal (Ackerman, 2001). No entanto, Charles e Simon (1990) sugeriram que a destilação a vapor é mais eficiente do que a hidrodestilação na remoção do óleo do material vegetal. Verificaram que a destilação a vapor produzia consistentemente maiores rendimentos de óleo do que a hidrodestilação, embora fossem obtidos os mesmos compostos. Também aprovaram a hidrodestilação, um método mais simples e mais rápido para o isolamento do óleo. Em contrapartida, Whish (1996) não encontrou qualquer diferença entre os rendimentos de óleo, quando os óleos de *Melaleuca alternifolia* (árvore do chá) foram produzidos *por* destilação a vapor e hidrodestilação, tanto em macro como em semimicroescalas, enquanto Khanavi *et al.* (2004) registaram um melhor rendimento de óleos essenciais de *Stachys persica* e *S. byzantine* por hidrodestilação do que por destilação a vapor. Sefidkon *et al.* (2007) isolaram os óleos essenciais das partes aéreas de *Satureja rechingeri* por destilação a vapor, hidro e vapor de água. O rendimento de óleo mais elevado foi obtido com a hidrodestilação e o mais baixo com a destilação a vapor (Sefidkon *et al.*, 2007).

Terblanche *et al.* (1998) utilizaram os métodos de hidrodestilação e de destilação por micro-ondas para o isolamento do óleo essencial de *Lippa scaberrima.* Foram observadas apenas ligeiras diferenças entre as composições dos óleos obtidos pelos dois métodos, embora os rendimentos obtidos por destilação por micro-ondas fossem geralmente inferiores. Vários autores compararam a composição do óleo essencial obtido por hidrodestilação/vaporização e os produtos obtidos por extração com fluido supercrítico. Verificaram que o óleo destilado por hidrodestilação/vapor continha percentagens mais elevadas de hidrocarbonetos terpénicos. Em contrapartida, o óleo extraído por extração supercrítica continha uma percentagem mais elevada de compostos oxigenados (Reverchon, 1997; Donelian *et al.*, 2009).

Khajeh *et al.* (2004) relataram variações na composição química do óleo essencial *de Carum copticum* isolado pelos métodos de hidrodestilação e extração com fluido supercrítico. Silva *et al.* (2004) relataram que os óleos essenciais das folhas de *Ocimum gratissimum, O. micranthum* e *O. selloi* obtidos por destilação a vapor (SD), destilação em forno de micro-ondas (MOD) e extração supercrítica (SCE) com CO_2 , apresentaram composição diferente por análise GC/MS. Os autores relataram que os componentes principais dos três óleos essenciais eram os mesmos, mas em quantidades relativas diferentes.

A duração do processo de destilação é também um parâmetro importante que influencia o rendimento e a composição dos óleos essenciais (Koedam, 1982; Masango, 2004). Os ciclos de destilação longos devem ser evitados, uma vez que apenas se obtém um pequeno aumento no rendimento do óleo no final do ciclo, que é contrariado pela maior perda de compostos polares para a fração aquosa aumentada (Masango, 2004). Comercialmente, a utilização de ciclos de destilação mais curtos resulta numa redução dos custos de produção. Koedam (1982) demonstrou, em experiências de hidrodestilação, que quanto maior for a duração do processo de destilação, maior será o custo de produção. A acidez da água utilizada na destilação também influencia a composição do óleo obtido. Ao longo do processo de destilação, os compostos oxigenados são libertados mais cedo do material vegetal intacto do que os compostos não oxigenados de ponto de ebulição mais baixo (Baker *et al.*, 2000). Isto pode dever-se ao facto de a água a ferver (vapor) penetrar na glândula de óleo e dissolver parte do óleo presente na glândula. Uma vez libertados das glândulas, os componentes do óleo são imediatamente vaporizados. Os compostos polares oxigenados são mais

solúveis em água do que os compostos não oxigenados e, por conseguinte, difundem-se mais rapidamente e são destilados em primeiro lugar (Koedam, 1982; Baket *et al.,* 2000). Koedam (1982) verificou que as fracções iniciais do destilado, obtidas durante a hidrodestilação de sementes de aneto, continham predominantemente carvona (b.p. 230 °C) e apenas pequenas quantidades de limoneno (b.p. 176 °C), apesar de este último ter um ponto de ebulição mais baixo. No entanto, as quantidades de limoneno aumentam gradualmente ao longo da destilação, com uma diminuição simultânea da carvona. Baker *et al.* (2000) explicaram que a afinidade de alguns componentes voláteis com os lípidos impede a sua libertação da planta, pelo que não é possível obter todo o óleo, naturalmente presente na planta, através do processo de destilação.

Os sesquiterpenos, provavelmente devido ao seu grande tamanho molecular, tendem a destilar mais tarde do que os monoterpenos oxigenados. Sabe-se que o sabineno, o hidrato de *cis-sabineno* e o hidrato de trans-sabineno sofrem transformação térmica em terpinen-4-ol, α-terpineno, γ-terpineno e terpinoleno, durante a hidrodestilação e a destilação a vapor (Koedam, 1982; Baker *et al.,* 2000).

Química e análise dos óleos essenciais

Os óleos essenciais são compostos por três elementos, quase exclusivamente carbono, hidrogénio e oxigénio. A classe de compostos mais comum nos óleos essenciais é, de longe, a dos terpenos. Os terpenos são feitos de combinações de várias unidades de base de 5 carbonos (C_5) chamadas isopreno (Gunther, 1952). Os terpenos podem formar blocos de construção, juntando-se numa configuração "cabeça a cauda" para formar monoterpenos, sesquiterpenos, di-terpenos e sequências maiores (Pinder, 1960). Os principais terpenos são os monoterpenos (C_{10}) e os sesquiterpenos (C_{15}) e, nalguns casos, existem também hemiterpenos (C_5), diterpenos (C_{20}), triterpenos (C_{30}) e tetraterpenos (C_{40}). Um terpeno que contém oxigénio é designado por terpenóide.

Os monoterpenos são geralmente formados pela combinação de duas unidades de isopreno. São as moléculas mais representativas, constituindo 80-90% dos óleos essenciais e permitem uma grande variedade de estruturas. They also contain several functional groups like carbures (ocimene, myrcene, terpinenes, phellandrenes, pinenes, etc.), aldehydes (geranial, citronellal, etc.), ketone (menthones, pulegone, carvone, fenchone, pinocarvone, etc.), álcoois (geraniol, citronelol, nerol, mentol, carveol, etc.), ésteres (acetato de linalilo, acetato de citronelilo, acetato de isobornilo, etc.), éteres (1,8-cineol, mentofurano, etc.) (Burt, 2004).

Existe muita literatura sobre a caraterização de óleos essenciais. A cromatografia gasosa capilar (GC) com deteção por ionização de chama (FID) é, na maioria dos casos, o método de escolha para determinações quantitativas. Muitos investigadores utilizam espectrómetros de massa (MS), acoplados à GC, para determinar as identidades dos componentes (Juliano *et al.*, 2000; Jerkovic *et al.*, 2001; Hussain *et al.*, 2008; Anwar *et al.*, 2009a; Anwat *et al.*, 2009b). Em alternativa, os índices de Kovats, determinados por coinjecção do óleo com uma série homóloga de *n-alcanos*, são também amplamente utilizados para identificar compostos, quando não estão disponíveis padrões autênticos (Juliani *et al.*, 2002). Hernandez-Arteseros *et al.* (2003) identificaram 150 constituintes, utilizando os índices de retenção de Kovats, no óleo essencial de *Lippia chiapanensis,* da América do Sul. A deteção por espetrometria de massa com tempo de voo (TOF-MS) tem sido cada vez mais utilizada como ferramenta qualitativa para a deteção de componentes voláteis (Adahchour *et al.*, 2003). As colunas capilares selecionadas, na maioria dos casos, são as fases estacionárias HP-5ms, DB-5 (reticulado 5% difenil/95% dimetil siloxano) ou DB-1, também conhecido como SE-30, (polidimetil siloxano). Estas fases estacionárias mais apolares são frequentemente complementadas pela utilização de uma fase estacionária mais polar, como o polietilenoglicol (Cavaleiro *et al.*, 2004).

São igualmente utilizados diferentes métodos de extração e alguns deles são utilizados simultaneamente para a extração e análise de compostos voláteis presentes em plantas aromáticas; estes incluem a extração por soxhlet, a extração por destilação simultânea (SDE), a extração por fluido supercrítico (SFE), a extração simultânea (SE) e a análise por técnicas de headspace (HS), tais como a amostragem estática do headspace (SHS), purga e armadilha (P & T) e microextracção em fase sólida (SPME) (Guadayol *et al.*, 1998: Sides, Robards e Helliwell, 2000). Os monoterpenos podem ser susceptíveis a alterações químicas nas condições utilizadas para a destilação a vapor e mesmo a extração por solvente convencional pode resultar em perdas dos compostos mais voláteis durante a remoção do solvente por destilação. Por outro lado, a destilação em espaço livre estático (SHS) e a extração por purga e armadilha (P & T) são mais simples, mais rápidas e não contêm solventes. O SHS tem sido amplamente aplicado à análise de compostos voláteis porque a fase de extração (ar, hélio ou azoto) é compatível com a cromatografia gasosa. No entanto, a SHS tem algumas limitações, como a baixa sensibilidade e o risco de contaminação cruzada (Mazza e Cottrell, 1999) . Uma alternativa à amostragem tradicional do headspace é a SPME, que é uma técnica rápida, simples, barata e sem solventes, muito estável para a análise de compostos voláteis e semi-voláteis em diferentes tipos de amostras. A microextracção em fase sólida do espaço livre (HS-SPME) permite muitas possibilidades na análise de aromas. Tem sido utilizada com êxito para a análise dos componentes voláteis de diferentes materiais vegetais, por exemplo, especiarias, frutos, folhas e vapores (Rohlofl, 1999; Sostaric, Boyce e Spickett, 2000).

Os óleos essenciais são misturas muito complexas de compostos naturais em concentrações bastante diferentes. São caracterizados por dois ou três componentes principais em concentrações bastante elevadas (20-70%) em comparação com outros componentes presentes em quantidades vestigiais (Burt, 2004). Por exemplo, o carvacrol (30%) e o timol (27%) são os principais componentes do óleo essencial *de Origanum compactum*, o linalol (68%) do óleo essencial *de Coriandrum sativum*, a α- e a β-tujona (57%) e a cânfora (24%) do óleo essencial de *Artemisia herba-alba*, 1,8-cineol (50%) do óleo essencial de *Cinnamomum camphora*, α-phellandrene (36%) e limoneno (31%) da folha e carvona (58%) e limoneno (37%) do óleo essencial *de* sementes *de Anethum graveolens*, mentol (59%) e mentona (19%) do óleo essencial de *Mentha piperita*. De um modo geral, estes componentes principais determinam as propriedades biológicas dos óleos essenciais. Os componentes incluem dois grupos de origem biossintética distinta (Croteau *et al.,* 2000; Betts, 2001).

CAPÍTULO 7

Actividades biológicas dos óleos essenciais

Os óleos essenciais de diferentes plantas ganharam muito interesse devido às suas propriedades antioxidantes, antitumorais, antibacterianas, antifúngicas e insecticidas (Burt, 2004).

Actividades antioxidantes

O que são os antioxidantes?

De um ponto de vista biológico, os antioxidantes foram definidos como substâncias que, quando presentes em concentrações inferiores às do substrato de oxidação, são capazes de atrasar ou inibir os processos oxidativos.

Medição da atividade antioxidante

Os compostos antioxidantes naturais exibem a sua atividade antioxidante através de

vários mecanismos como: (1) quebra de cadeias por doação de átomos de hidrogénio ou electrões que convertem radicais livres em espécies mais estáveis, (2) quelação de iões metálicos que estão envolvidos na geração de espécies reactivas de oxigénio, (3) decomposição de peróxidos lipídicos em produtos finais estáveis, e (4) inibição da ação deletéria de enzimas pró-oxidantes. Devido à complexidade da composição das plantas e dos alimentos à base de plantas, a separação de cada composto antioxidante e o seu estudo individual é bastante moroso e fastidioso. Os investigadores estão à procura de métodos inovadores que possam medir de forma fiável a atividade antioxidante dos alimentos e de outros sistemas biológicos. No entanto, tais métodos estão ainda em fase de desenvolvimento (Natella *et al.,* 1999; Cai *et al.,* 2006).

Ensaios *in vitro* das actividades antioxidantes dos óleos essenciais

Tal como descrito anteriormente (Frankel *et al.,* 1994; Hussain *et al.,* 2008), é necessária a utilização de diferentes métodos na avaliação da atividade antioxidante. O potencial antioxidante dos óleos essenciais e extractos tem sido conhecido numa série de estudos in vitro. Os métodos mais utilizados para a determinação da atividade antioxidante dos óleos essenciais e extractos de plantas são: ensaio de eliminação do radical 2, 2-di(*4-tert-octafenil*)-1-picrilhidrazil (DPPH), inibição da peroxidação do ácido linoleico e branqueamento do β-caroteno em ensaios de sistema de ácido linoleico. Com base na avaliação dos dados apresentados em congressos e artigos de revistas relacionados com antioxidantes, alguns destes métodos foram recentemente propostos para serem considerados para normalização, ou como métodos de referência, na avaliação da capacidade antioxidante. Na sua revisão especializada, Huang e Prior (2005) afirmam que um método normalizado para medir a capacidade antioxidante de produtos à base de plantas deve cumprir os seguintes requisitos: medir a química que ocorre efetivamente em aplicações potenciais, utilizar uma fonte de radicais biologicamente relevante, simplicidade e reprodutibilidade, ponto final definido e mecanismo químico conhecido e instrumentação moderada/menor.

Os diferentes ensaios in vitro apenas fornecem uma ideia da eficácia protetora do modelo de ensaio. Assim, é necessário utilizar pelo menos dois métodos, dependendo do potencial antioxidante esperado e/ou da origem da substância (Schlesier *et al.,* 2002). Consequentemente, Kulisic *et al.,* (2004) sugeriram o ensaio de atividade de eliminação do radical DPPH e o branqueamento do β-caroteno como métodos de escolha para normalizar a avaliação da capacidade antioxidante dos óleos essenciais. O ensaio de eliminação do radical DPPH é o mais popular e frequentemente utilizado para a determinação da atividade antioxidante de óleos essenciais e extractos de plantas (Hussain *et al*., 2008; Anwar *et al*., 2009a; Anwar *et al.,* 2009b). Outro método mais utilizado é a branqueabilidade do β-caroteno em sistema de ácido linoleico. Trata-se de um método simples, reprodutível e eficiente em termos de tempo para uma avaliação rápida das propriedades antioxidantes (Miller, 1970). O branqueamento do β-caroteno em sistema de ácido linoleico foi utilizado em muitos estudos para avaliar o potencial antioxidante de óleos essenciais (Tepe *et al.,* 2005; Husssain *et al.,* 2008; Anwat *et al.,* 2009ab). A medição da inibição da peroxidação do ácido linoleico é também um método eficaz para a avaliação da atividade antioxidante das amostras de plantas (Siddhuraju e Becker, 2007). Muitos investigadores referiram este método para a avaliação da atividade antioxidante de óleos essenciais e extractos de plantas, bem como de componentes bioactivos (Anwar *et al*., 2009a).

Potencial antioxidante dos óleos essenciais

Nas últimas duas décadas, existe uma grande preocupação pública sobre a segurança dos antioxidantes sintéticos (por exemplo, BHT, BHA e TBHQ) na conservação de alimentos, para além das implicações para a saúde. Sabe-se que estes antioxidantes sintéticos têm efeitos tóxicos e carcinogénicos nos sistemas humanos e alimentares (Paradiso *et al.,* 2008). Os antioxidantes sintéticos podem causar inchaço do fígado e influenciar as actividades do sistema hepático e as doenças cerebro-vasculares (Choi *et al.*, 2007; Fan *et al.*, 2007). Há uma grande necessidade de antioxidantes eficazes e mais seguros baseados em fontes naturais, como alternativas, para evitar a deterioração dos alimentos. Na literatura, há muitos relatos de extractos de fontes naturais que exibem uma forte atividade antioxidante (Paradiso *et al.*, 2008). Foram exploradas e identificadas muitas fontes de antioxidantes, estando em curso mais investigação. Sabe-se que os óleos essenciais e os extractos de materiais botânicos têm diferentes graus de atividade antioxidante (Descalzo e Sancho 2008). Algumas publicações recentes (Bendini *et al.*, 2002; Cervato *et al.*, 2000) mostraram actividades antioxidantes de óleos essenciais. Alguns destes óleos essenciais e extractos foram relatados como sendo mais eficazes do que vários antioxidantes sintéticos (Mimica-Dukic, 2004; Hussain *et al*, 2008).

Citotoxicidade dos óleos essenciais

Devido a uma série de constituintes químicos, os óleos essenciais aparentemente não têm objectivos celulares específicos (Carson *et al.*, 2002). Os óleos essenciais atravessam facilmente as membranas citoplasmáticas, rompendo as suas estruturas e tornando-as permeáveis. A citotoxicidade dos óleos essenciais também pode causar danos nas membranas celulares. Os óleos essenciais/voláteis têm a capacidade de coagular o citoplasma, danificando assim os lípidos e as proteínas (Gustafson *et al.*, 1998; Ultee *et al.*, 2002; Burt, 2004). A lesão da parede celular e da membrana celular pode levar à lise e à fuga de macromoléculas (Cox *et al.*, 2000; Lambert *et al.*, 2001). Os óleos essenciais são susceptíveis de estimular a despolarização das membranas mitocondriais das células eucarióticas, diminuindo o potencial da membrana, afectando o ciclo do ião Ca^{2+} e outros canais iónicos e reduzindo o gradiente de pH (Bakkali *et al.*, 2005; Bakkali, *et al.*, 2008). A fluidez das membranas é perturbada por eles, tornando-se assim visivelmente permeável, o que resulta na fuga de radicais, citocromo C, iões de cálcio e proteínas, como no caso do stress oxidativo. A permeabilização das membranas mitocondriais externas e internas provoca a morte celular por necrose e apoptose (Yoon *et al.*, 2000; Armstrong, 2006). Estes efeitos sugerem uma atividade pró-oxidante de tipo fenólico (Burt, 2004). A literatura refere vários ensaios para avaliar as actividades citotóxicas dos óleos essenciais ou dos seus principais constituintes utilizando corantes fluorescentes ou coloração específica das células, incluindo o teste MTT {3-(4,5-dimetiltiazol-2-il)-2,5-difenil-brometo de tetrazólio} (Fujisawa *et al*, 2002; Manosroi *et al.*, 2006; Jafarian *et al.*, 2006; Chung *et al.*, 2007), teste de absorção do vermelho neutro

(NRU) (Stammati *et al.*, 1999), teste de exclusão do azul de triptano (Budhiraja *et al.*, 1999), teste da resazurina (O'Brien *et al.*, 2000) , Hoechst 33342 e teste do iodeto de propídio (Fabian *et al.*, 2006). O ensaio MTT tem sido amplamente divulgado devido à sua simplicidade e fiabilidade para medir a viabilidade celular para o rastreio de agentes anti-proliferativos (Manosroi *et al.*, 2006). As células viáveis dependem de uma membrana mitocondrial intacta e de uma cadeia respiratória mitocondrial intacta. A identificação de constituintes bioactivos no que respeita à sua toxicidade pode ser efectuada utilizando desidrogenases mitocondriais de células viáveis. O MTT é um sal de tetrazólio que é transformado em formazan pelo sistema succinato desidrogenase, que só está ativo em células viáveis e pertence à cadeia respiratória mitocondrial. O sal de tetrazólio amarelo é reduzido a formazan púrpura insolúvel em água pela succinato desidrogenase mitocondrial. A quantidade de corante pode ser medida com um leitor de microplacas a 540 nm após a solubilização do formazan.

Os álcoois, os fenóis e os aldeídos são os principais responsáveis pela citotoxicidade dos óleos essenciais (Bruni *et al.*, 2003). Esta propriedade citotóxica é de grande valor no que diz respeito às aplicações dos óleos essenciais, não só para a preservação de produtos marinhos ou agrícolas, mas também contra certos parasitas ou agentes patogénicos animais ou humanos. Os óleos essenciais, juntamente com alguns dos seus constituintes, são certamente eficazes contra uma variedade de organismos, incluindo vírus, bactérias e fungos (Kalemba e Kunicka, 2003; Burt, 2004). O carvacrol, um dos principais constituintes dos óleos essenciais de *Origanum majorana* e *Melissa officinalis*, reduz a fluidez da membrana ao alterar o seu perfil de ácidos gordos (Ultee *et al.*, 2000).

Actividades antimicrobianas

Agentes antimicrobianos

Os microbiologistas distinguem dois grupos de agentes antimicrobianos utilizados no tratamento de doenças infecciosas. Os antibióticos, que são substâncias naturais produzidas por determinados grupos de microrganismos, e os agentes quimioterapêuticos, que são sintetizados quimicamente (Davidson e Harrison, 2002). Do ponto de vista do hospedeiro, a propriedade mais importante de um agente antimicrobiano é a sua toxicidade selectiva. Isto implica que os processos bioquímicos nas bactérias são, de certa forma, diferentes dos das células animais e que a quimioterapia pode tirar partido desta diferença. Os antibióticos podem ter um efeito estático (inibitório) ou um efeito cidal (de morte) numa série de microrganismos. A gama de bactérias ou outros microrganismos que é afetada por um determinado antibiótico é expressa como o seu espetro de ação (Burt, 2004).

Testes *in vitro* de atividade antimicrobiana

A literatura refere uma série de métodos utilizados para avaliar a atividade antibacteriana dos óleos essenciais (Bozin *et al.*, 2006; Celiktas *et al.*, 2006; Kelen e Tepe, 2008). Diferentes ensaios, como o ensaio de difusão em disco, o ensaio de difusão em poço, o ensaio de microdiluição e a medição da concentração inibitória mínima (CIM), são frequentemente utilizados para medir a atividade antimicrobiana dos óleos essenciais e dos constituintes à base de plantas (Juliano *et al.*, 2000; Lambert *et al.*, 2001; Burt, 2004; Holley e Patel, 2005; Bakkali *et al.*, 2008). O princípio e a química subjacentes a estes métodos foram explicados na literatura, mas verifica-se que não foi desenvolvido nenhum método normalizado para avaliar a atividade antimicrobiana de compostos à base de plantas contra microrganismos patogénicos e que poluem os alimentos (Davidson e Parish, 1989). O método anterior do NCCLS para testes de suscetibilidade antibacteriana foi modificado para testar óleos essenciais e extractos (NCCLS, 2000). Os investigadores adaptam diferentes protocolos experimentais para melhor representar futuras aplicações no seu domínio específico. Por outro lado, uma vez que o resultado de um método pode ser afetado por uma série de factores como o método utilizado para isolar os óleos essenciais/extractos das plantas, a fase de crescimento, o volume de inóculo, o meio de cultura utilizado, o pH e a temperatura do meio e o tempo de incubação (Rios *et al.*, 1988). A comparação dos resultados publicados também é difícil (Burt, 2004). O rastreio da atividade antibacteriana dos óleos essenciais é frequentemente feito através do ensaio de difusão em disco, no qual um disco de papel embebido com uma concentração conhecida de óleo essencial é colocado em cima de uma placa de ágar inoculada. Isto é geralmente utilizado como uma verificação preliminar da atividade antibacteriana antes de estudos mais detalhados. Vários factores, como a quantidade de óleo essencial colocada nos discos de papel e a espessura da camada de ágar, variam consideravelmente entre os estudos. De um modo geral, este método é útil para a seleção de óleos essenciais, mas a comparação direta de dados publicados não é viável (Senatore *et al.*, 2000). No ensaio de difusão em poço de ágar, os poços são formados através do corte de poços em ágar e os óleos essenciais são carregados nesses poços. Este método é sobretudo utilizado como método de rastreio quando se pretende rastrear um grande número de óleos essenciais e/ou um grande número de isolados bacterianos (Dorman e Deans, 2000). Na literatura, são referidos ensaios de difusão em disco e difusão em poço (Deans e Ritchie, 1987; smith-Palmer *et al.,* 1998; Dorman e Deans, 2000; Ruberto e Baratta, 2000) para avaliar a atividade antimicrobiana dos óleos essenciais.

O método mais citado e importante no desempenho antimicrobiano dos óleos essenciais é a medição da CIM, que nos dá resultados precisos, exactos e reprodutíveis. Nalguns casos, é indicada a concentração bactericida mínima (CBM) ou a concentração microcida mínima (CMM), sendo que ambos os termos estão em estreita concordância com a CIM. A força da atividade antimicrobiana pode ser determinada por diluição de óleos essenciais em ágar ou caldo (Ruberto e Baratta, 2000; Pintore *et al.*, 2002). Nos estudos de diluição em caldo, existem vários procedimentos diferentes para determinar a CIM e a CBM. Os métodos mais comuns são a medição da densidade ótica e a contagem de colónias por contagem viável (Ultee *et al.,* 2001; Lambert *et al.,* 2001). As medições da condutância e a determinação do ponto final por monitorização visual têm sido raramente utilizadas. Um novo método de microdiluição para determinar a CIM de compostos à base de óleo utiliza a resazurina (indicador redox) como indicador visual da CIM (Sarker *et al.,* 2007). Os resultados podem ser comparados favoravelmente com os obtidos por contagem de viáveis e medição da densidade ótica e o método é mais sensível do que o método de diluição em ágar (Mann e Markham, 1998). A resazurina, um indicador de oxidação-redução, é utilizada para a avaliação do crescimento celular. Trata-se de um corante violeta/azul, não fluorescente e não tóxico, que se torna púrpura/rosa e fluorescente quando reduzido a resorufina pela enzima oxidorredutase nas células viáveis (figura 2.2). A resorufina pode ainda reduzir-se a hidroresorufina, um corante não fluorescente e incolor (Sarker *et al.,* 2007). O ensaio de redução da resorufina tem sido geralmente utilizado para avaliar a contaminação bacteriana/levedura no leite. Outro novo método de cálculo da CIM a partir de medições da densidade ótica foi considerado adequado para testar combinações de substâncias antibacterianas (Lambert *et al.,* 2001). Num estudo, a percentagem de óleo essencial que resulta numa diminuição de 50% da contagem viável foi determinada a partir de gráficos de concentração contra a percentagem de morte (Friedman *et al.,* 2002). A diversidade de formas de comunicar a atividade antibacteriana dos óleos essenciais limita a comparação entre estudos e pode levar à duplicação de trabalho.

Uma caraterística dos métodos de ensaio que varia consideravelmente é a utilização ou não de um solvente/emulsionante para dissolver os óleos essenciais/extractos ou para os estabilizar em meios de cultura à base de água. Foram utilizadas várias substâncias para este efeito: metanol/etanol (Marino *et al.*, 1999; Marino *et al.*, 2001), dimetilsulfóxido (Firouzi *et al.*, 1998), n-hexano (Senatore *et al.*, 2000), Tween-20/Tween-80 (Mann e Markham, 1998; Wilkinson *et al.*, 2003) e ágar (Burt e Reinders, 2003). No entanto, alguns investigadores consideraram desnecessária a utilização de um aditivo (Dorman e Deans, 2000; Lambert *et al.*, 2001). O efeito dos solventes mais frequentemente utilizados, o etanol e o Tween-80, foi comparado com o do ágar para a estabilização dos óleos de orégãos e de cravinho. Verificou-se que a utilização de 0,2% de ágar produz uma dispersão tão homogénea como uma solução verdadeira em etanol absoluto (Remmal *et al.*, 1993). As concentrações inibitórias mínimas dos óleos essenciais de cravinho e orégãos foram consideravelmente mais baixas na presença de ágar do que na presença de etanol ou Tween-80. Concluiu-se que os solventes e os detergentes podiam diminuir o efeito antibacteriano dos óleos essenciais (Remmal *et al.*, 1993; Juven *et al.*, 1994). Também se revelou que o Tween-80 protege *a Listeria monocytogenes* da atividade antibacteriana de um componente do óleo essencial durante os ciclos de congelação-descongelação (Cressy *et al.*, 2003). Uma outra desvantagem da utilização de Tween-80 para dissolver óleos essenciais é o facto de a turvação da dispersão resultante poder dificultar as observações visuais e as medições da densidade ótica (Carson *et al.*, 1995).

Óleos essenciais como agentes antimicrobianos naturais

Os óleos essenciais e outros agentes antimicrobianos naturais são atractivos para a indústria alimentar pelas seguintes razões

1. É altamente improvável que novos compostos sintéticos sejam aprovados para utilização como antimicrobianos alimentares devido aos custos dos testes toxicológicos.

2. Existe uma necessidade significativa de expandir a atividade antimicrobiana, tanto em termos de espetro de atividade como de amplas aplicações alimentares.

3. Os processadores de alimentos estão interessados em produzir rótulos "verdes", ou seja, sem nomes químicos que aparentemente confundem os consumidores.

4. O consumo de alguns antimicrobianos naturais pode trazer benefícios potenciais para a saúde.

Recentemente, foi demonstrado que os óleos essenciais e os extractos de certas plantas têm efeitos antimicrobianos, bem como conferem sabor aos alimentos (Burt, 2004). Alguns óleos essenciais mostraram promissoras intervenções potenciais na segurança alimentar quando adicionados a alimentos processados e crus. Alguns dos antimicrobianos naturais mais eficazes são extraídos de especiarias, ervas e óleos essenciais e isolados de diferentes famílias de plantas (Juliano *et al.*, 2000; Lambert *et al.*, 2001; Burt, 2004; Holley e Patel, 2005; Bakkali *et al.*, 2008). Os extractos/óleos essenciais de espécies herbáceas dietéticas têm sido utilizados como fontes de medicamentos e conservantes alimentares há mais de 4000 anos (Burt, 2004; Rota *et al.*, 2008). Recentemente, determinou-se que alguns dos bioactivos associados às suas funções medicinais e conservantes são metabolitos fenólicos (Dorman e Deans, 2000; Lambert *et al.*, 2001; Ultee *et al.*, 2002; Burt, 2004). Alguns metabolitos fenólicos, como o timol (do tomilho e dos orégãos) e o ácido rosmarínico (do alecrim), têm propriedades anti-sépticas e anti-inflamatórias, para além do seu potencial antimicrobiano (Lambert *et al.*, 2001; Ultee *et al.*, 2000).

Atividade anti-helmíntica dos óleos essenciais

A helmintíase é uma das doenças animais mais importantes a nível mundial, causando grandes perdas de produção nos animais em pastoreio. A doença é especialmente prevalecente nos países em desenvolvimento (Dhar *et al.*, 1982) em associação com práticas de gestão deficientes e medidas de controlo inadequadas. É necessária uma abordagem integrada para o controlo eficaz das helmintas, que inclua a utilização estratégica e tática de anti-helmínticos e uma gestão cuidadosa das pastagens, incluindo o controlo das taxas de encabeçamento e estratégias de rotação adequadas. A vacinação pode também desempenhar um papel importante, como no caso dos vermes pulmonares. No entanto, surgiram problemas com a utilização de anti-helmínticos, nomeadamente o desenvolvimento de resistência nos helmintes (Waller e Prichard, 1985) a vários compostos e classes de anti-helmínticos, bem como problemas de resíduos químicos e de toxicidade (Kaemmerer e Butenkotter, 1973). Além disso, o reconhecimento da complexidade antigénica dos parasitas atrasou o desenvolvimento de vacinas. Por estas várias razões, o interesse no rastreio de plantas medicinais quanto à sua atividade anti-helmíntica continua a ser de grande interesse científico, apesar da utilização extensiva de produtos químicos sintéticos nas práticas clínicas modernas em todo o mundo. O reino vegetal é conhecido por fornecer uma fonte rica de anti-helmínticos, antibacterianos e insecticidas botânicos (Satyavati *et al.*, 1976; Lewis e Elvin-Lewis, 1977). Várias plantas medicinais têm sido utilizadas para tratar infecções parasitárias no homem e nos animais (Nadkarni, 1954; Chopra *et al.,* 1956; Said, 1969).

Tendências recentes para a utilização de óleos essenciais

Os óleos essenciais obtidos a partir de várias espécies de plantas estão recentemente a ganhar muito interesse científico e público devido às suas múltiplas utilizações e diversas actividades biológicas (Anon, 2002; Burt, 2004). Um grande número de plantas herbáceas foi selecionado para a pesquisa dos seus potenciais óleos essenciais e explorado para aplicações comerciais (Burt, 2004; Busatta *et al.,* 2008). Os óleos essenciais têm uma aplicação ampla e variada em muitas indústrias, tais como a dos cosméticos e perfumes, bebidas e gelados, produtos de confeitaria e produtos alimentares de base, para perfumar e aromatizar produtos acabados de consumo (Burt, 2004; Guenther, 1985). Atualmente, cerca de 300 óleos essenciais, de um total de aproximadamente 3.000, são comercialmente importantes, especialmente para as indústrias farmacêutica, agronómica, alimentar, sanitária, cosmética e de perfumaria (Sivropoulou *et al.,* 1996; Sivropoulou *et al.,* 1997; Burt, 2004; Delamare *et al.,* 2007). Alguns dos óleos essenciais ou os seus componentes bioactivos, como o limoneno, o acetato de geranilo ou a carvona, são também utilizados como um ingrediente importante em pastas dentífricas e produtos de higiene. Também actuam como conservantes e aditivos alimentares, sendo igualmente utilizados para o tratamento de diferentes doenças nos sistemas de medicina alternativa.

Hoje em dia, alguns óleos essenciais à base de plantas são também utilizados na aromaterapia, pois acredita-se que apresentam certos benefícios medicinais para a cura de disfunções orgânicas ou desordens sistémicas (Perry *et al.,* 1999; Silva *et al.,* 2000). Tendo em conta as múltiplas utilizações dos óleos essenciais, é imperativo compreender melhor o seu mecanismo de ação e actividades biológicas para novas aplicações no nosso ambiente, saúde e sistemas agrícolas (Gustafson *et al.,* 1998; Carson e Riley, 2003).

Relatórios científicos recentes também se centraram nos princípios antioxidantes e nas actividades biológicas dos óleos essenciais (Tepe *et al.,* 2007; Hussain *et al.,* 2008; Anwar *et al.,* 2009b). Os óleos essenciais demonstraram uma atividade potencial como agentes antibacterianos, desinfectantes, agentes antifúngicos, insecticidas e herbicidas (Bozin *et al.,* 2006; Van Vuuren *et al.,* 2007). A atividade mais bem examinada dos óleos essenciais é a sua atividade antimicrobiana, que em muitos aspectos é melhor do que a dos antibióticos sintéticos. As propriedades bactericidas dos óleos essenciais também podem ser utilizadas para a desinfeção do ar. A utilização de óleos essenciais para o armazenamento de alimentos sem fungos também tem sido objeto de atenção recente (Burt, 2004; Holley e Patel, 2005). Os óleos essenciais de algumas especiarias e ervas aromáticas, tais como a salva, os orégãos, o tomilho e a Satureja, etc., demonstraram o seu potencial antioxidante (Ruberto e Baratta, 2000; Rota *et al.*, 2004; Rota *et al.*, 2008) e, por conseguinte, podem ser utilizados como antioxidantes naturais para a proteção de gorduras/óleos e produtos afins (Burt, 2004; Bozin *et al.*, 2006). Recentemente, a utilização de antioxidantes naturais está a tornar-se muito popular na alimentação e na medicina preventiva devido às alegações de que são mais seguros e têm propriedades de prevenção de doenças e de promoção da saúde. Atualmente, está em curso investigação para explorar as aplicações de alguns óleos essenciais para usos terapêuticos e gestão de doenças infecciosas como uma alternativa aos remédios medicamentosos padrão (Bozin *et al.*, 2006; Celiktas *et al.*, 2007; Kelen & Tepe, 2008).

CAPÍTULO 8

Panorama geral das plantas medicinais

Ao longo dos tempos, os seres humanos têm dependido da Natureza para as suas necessidades básicas, para a produção de alimentos, abrigos, vestuário, meios de transporte, fertilizantes, sabores e fragrâncias e, não menos importante, medicamentos. As plantas estão na base de sofisticados sistemas de medicina tradicional que existem há milhares de anos e continuam a fornecer à humanidade novos remédios. Embora algumas das propriedades terapêuticas atribuídas às plantas se tenham revelado erróneas, a fitoterapia baseia-se nos resultados empíricos de centenas e milhares de anos. Os primeiros registos, escritos em placas de argila em cuneiforme, são da Mesopotâmia e datam de cerca de 2600 a.C; Entre as substâncias utilizadas encontravam-se os óleos de espécies de *Cedrus* (Cedro) e *Cupressus sempervirens* (Cipreste), *Glycyrrhiza glabra* (Alcaçuz), espécies de *Commiphora* (Mirra) e *Papaver somniferum* (Sumo de Papoila), todas elas ainda hoje utilizadas para o tratamento de doenças que vão desde a tosse e constipações a infecções parasitárias e inflamações (Fakim, 2006).

Os produtos naturais têm sido, até há pouco tempo, a principal fonte de medicamentos comerciais e de pistas para medicamentos. Um inquérito recente revelou que 61% dos 877 medicamentos introduzidos em todo o mundo podem ser atribuídos a produtos naturais ou foram inspirados por eles (Newman *et al.,* 2003). No entanto, a partir da década de 1990, a descoberta de medicamentos à base de produtos naturais foi praticamente eliminada na maioria das grandes empresas farmacêuticas. Isto deveu-se principalmente à promessa do então emergente domínio da química combinatória (Cseke *et al.,* 2004), em que enormes bibliotecas de pequenas moléculas artificiais podiam ser rapidamente sintetizadas e avaliadas como candidatos a medicamentos.

Até à data, esta abordagem tem conduzido, na melhor das hipóteses, a resultados pouco animadores. De 1981 a 2002, nenhum composto combinatório foi aprovado como medicamento, embora vários estejam atualmente em fase final de ensaios clínicos. Ao mesmo tempo, o número de novos medicamentos que entram no mercado diminuiu para metade, um número que as grandes empresas farmacêuticas conhecem bem. O palheiro é maior, mas a agulha é mais difícil de encontrar. Este facto só recentemente conduziu a um novo respeito pelas estruturas privilegiadas inerentes aos produtos naturais (DeSimone *et al.,* 2004). Das cerca de 250 000 espécies de plantas que se acredita existirem, um terço ainda não foi descoberto. Dos 250.000 espécies de plantas que se acredita existirem, apenas uma fração foi investigada quimicamente. Muitos países tomaram consciência do valor da biodiversidade dentro das suas fronteiras e desenvolveram sistemas de exploração e de preservação. Ao mesmo tempo, a perda de habitat é a maior ameaça imediata à biodiversidade (Frankel *et al.*, 1995).

Os produtos de origem natural podem ser designados por "produtos naturais". Os produtos naturais incluem: (1) um organismo inteiro (por exemplo, uma planta, um animal ou um microrganismo) que não tenha sido submetido a qualquer tipo de processamento ou tratamento para além de um simples processo de preservação (por exemplo, secagem), (2) parte de um organismo (por exemplo, folhas ou flores de uma planta, um órgão animal isolado), (3) um extrato de um organismo ou parte de um organismo e exsudados, e (4) compostos puros (por exemplo, alcalóides, cumarinas, flavonóides, glicosídeos, lignanas, esteróides, açúcares, terpenóides, etc.) isolados de plantas, animais ou microrganismos (Samuelsson, 1999). No entanto, na maioria dos casos, o termo produtos naturais refere-se a metabolitos secundários, pequenas moléculas (mol wt <2000 amu) produzidas por um organismo que não são estritamente necessárias para a sobrevivência do organismo. Os conceitos de metabolismo secundário incluem produtos do metabolismo de extravasamento como resultado da limitação de nutrientes, metabolismo de derivação produzido durante a idiofase, moléculas reguladoras de mecanismos de defesa, etc. (Cannell, 1998). Os produtos naturais podem provir de qualquer fonte terrestre ou marinha: plantas (por exemplo, paclitaxel [Taxol] de *Taxus brevifolia),* animais (por exemplo, vitaminas A e D do óleo de fígado de bacalhau) ou microrganismos (por exemplo, doxorrubicina de *Streptomyces peucetius).*

As estratégias de investigação no domínio dos produtos naturais evoluíram de forma significativa nas últimas décadas. Estas podem ser divididas em duas categorias:

1. Estratégias mais antigas:

a. Foco na química de compostos de fontes naturais, mas não na atividade.

b. Isolamento e identificação simples de compostos de fontes naturais, seguidos de testes de atividade biológica (principalmente in vivo).

c. Investigação quimiotaxonómica.

d. Seleção de organismos baseada principalmente em informações etnofarmacológicas, reputações folclóricas ou utilizações tradicionais.

2. Estratégias modernas:

a. Isolamento e identificação de compostos activos "líderes" a partir de fontes naturais, guiados por bioensaios (principalmente in vitro).

b. Produção de bibliotecas de produtos naturais.

c. Produção de compostos activos em cultura de células ou tecidos, manipulação genética, química combinatória natural, etc.

d. Mais centrado na bioatividade.

e. Introdução dos conceitos de desreplicação, impressão digital química e metabolómica.

CAPÍTULO 9

Produtos naturais: Perspetiva histórica

A utilização de produtos naturais, especialmente plantas, para a cura é tão antiga e universal como a própria medicina. A utilização terapêutica de plantas remonta certamente à civilização suméria e, 400 anos antes da Era Comum, há registos de que Hipócrates utilizou cerca de 400 espécies de plantas diferentes para fins medicinais. Os produtos naturais desempenharam um papel proeminente nos antigos sistemas de medicina tradicional, como o chinês, o ayurveda e o egípcio, que ainda hoje são muito utilizados. De acordo com a Organização Mundial de Saúde (OMS), 75% das pessoas ainda dependem de medicamentos tradicionais à base de plantas para os cuidados de saúde primários a nível mundial.

Estado atual dos produtos naturais

A natureza tem sido uma fonte de agentes terapêuticos desde há milhares de anos, e um número impressionante de medicamentos modernos tem sido derivado de fontes naturais, muitos deles baseados na sua utilização na medicina tradicional. Ao longo do último século, alguns dos medicamentos mais vendidos foram desenvolvidos a partir de produtos naturais (vincristina da *Vinca rosea,* morfina da *Papaver somniferum,* Taxol da *T. brevifolia,* etc.). Nos últimos anos, tem-se observado um renascimento significativo do interesse pelos produtos naturais como fonte potencial de novos medicamentos, tanto no meio académico como nas empresas farmacêuticas. Vários medicamentos modernos (~40% dos medicamentos modernos em uso) foram desenvolvidos a partir de produtos naturais.

Quadro 1.1 História dos medicamentos à base de produtos naturais

Período	Tipo	Descrição
Antes de 3000 a.C.	Ayurveda (conhecimento da vida)	Medicina tradicional chinesa Propriedades medicinais introduzidas de plantas e outros produtos naturais
1550 A.C.	*Papiro de Ebers*	Apresentou um grande número de medicamentos brutos de origem natural (por exemplo, sementes de rícino e goma arábica)
460 -377 A.C.	Hipócrates,	Descreveu várias plantas e animais que podem ser

	"O Pai da Medicina"	fontes de medicamentos
370 -287 A.C.	Teofrasto	Descreveu várias plantas e animais que podem ser fontes de medicamentos
23-79 D.C.	Plínio, o Velho	Descreveu várias plantas e animais que podem ser fontes de medicamentos
60-80 D.C.	Dioscórides	Escreveu De Materia Medica, que descreve mais de 600 plantas medicinais
131 -200 D.C.	Galeno	Praticou medicamentos botânicos (galénicos) e tornou-os populares no Ocidente
Século XV	Krauterbuch (ervas medicinais)	Informações apresentadas e imagens de plantas medicinais

Mais precisamente, de acordo com Cragg *et al.,* 39% dos 520 novos medicamentos aprovados entre 1983 e 1994 eram produtos naturais ou seus derivados, e 60-80% dos medicamentos antibacterianos e anticancerígenos eram de origem natural. Em 2000, cerca de 60% de todos os medicamentos em ensaios clínicos para a multiplicidade dos cancros eram de origem natural (Cragg *et al.,* 1997). Em 2001, oito (sinvastatina, pravastatina, cvamoxicilina, ácido clavulânico, azitromicina, ceftriaxona, ciclosporina e paclitaxel) dos 30 medicamentos mais vendidos eram produtos naturais ou seus derivados, e estes oito medicamentos juntos totalizaram *16 mil* milhões de dólares em vendas. Para além da medicina moderna derivada de produtos naturais, os produtos naturais são também utilizados diretamente na indústria farmacêutica "natural", que está a crescer rapidamente na Europa e na América do Norte, bem como em programas de medicina tradicional que estão a ser incorporados nos sistemas de cuidados de saúde primários do México, da República Popular da China, da Nigéria e de outros países em desenvolvimento. A utilização de medicamentos à base de plantas está novamente a tornar-se mais popular sob a forma de suplementos alimentares, nutracêuticos e medicina complementar e alternativa.

O interesse pelos medicamentos à base de plantas e pela medicina natural está a passar por um renascimento na era atual. Os produtos derivados de plantas superiores representam cerca de 25% do número total de medicamentos utilizados clinicamente (Bames *et al.,* 2007). Tem sido referido que as plantas e outras fontes de produtos naturais são fontes superiores de diversidade molecular e de novos quimiotipos moleculares, particularmente nos domínios em que não existem boas pistas sintéticas (Raskin *et al.*, 2002). Apesar da concorrência de outros métodos de descoberta de medicamentos, as NPs continuam a fornecer a sua quota-parte de novos candidatos clínicos e medicamentos. Por exemplo, entre 1981 e 2002, 5% das 1.031 novas entidades químicas aprovadas como medicamentos pela Food and Drug Administration (FDA) dos EUA eram produtos naturais e outros 23% eram moléculas derivadas de produtos naturais (Newman *et al.*, 2003) Fig: 1.2.

Cerca de 250000 espécies de plantas vivas contêm uma diversidade muito maior de compostos bioactivos do que qualquer biblioteca química criada pelo homem.

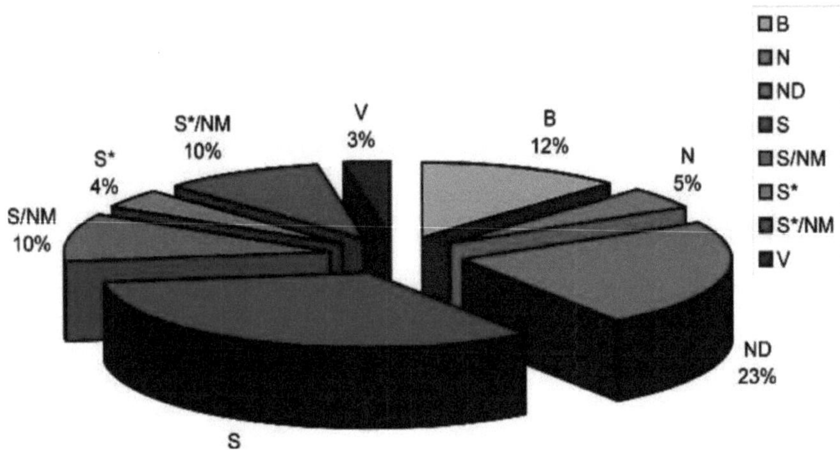

"B": Biológico; usudJly/oa grande (>45 resíduos) péptido ou proteína isolada de um organismo/linhagem celular ou produzida por meios biotecnológicos num hospedeiro substituto. **"N":** Produto natural. **"ND":** Derivado de um produto natural e é geralmente uma modificação semi-sintética. "S": Fármaco totalmente sintético, frequentemente encontrado por rastreio aleatório/modificação de um agente existente. **"S*":** Produzido por síntese total, mas o farmacóforo é/era de um produto natural. **"V":** Vacina. **"NM":** Mimetizador de produto natural.

Os produtos naturais podem contribuir para a procura de novos medicamentos de três formas diferentes:

1. Actuando como novos medicamentos que podem ser utilizados num estado não modificado (por exemplo, vincristina de *Catharanthus roseus).*

2. Fornecendo "blocos de construção" químicos utilizados para sintetizar moléculas mais

complexas (por exemplo, diosgenina de *Dioscorea floribunda* para a síntese de contraceptivos orais).

3. Ao indicar novos modos de ação farmacológica que permitem a síntese completa de novos análogos (por exemplo, análogos sintéticos da penicilina de *Penicillium notatum)*

Os produtos naturais continuarão certamente a ser considerados como uma das principais fontes de novos medicamentos nos próximos anos, porque:

1. Oferecem uma diversidade estrutural incomparável.

2. Muitos deles são relativamente pequenos (<2000 Da).

3. Têm propriedades "semelhantes às dos medicamentos" (ou seja, podem ser absorvidas e metabolizadas). Até à data, apenas uma pequena fração da biodiversidade mundial foi explorada em termos de bioatividade. Por exemplo, existem pelo menos 250.000 espécies de plantas superiores neste planeta, mas apenas 5-10% destas foram investigadas até à data. Além disso, a reinvestigação de plantas previamente estudadas tem continuado a produzir novos compostos bioactivos com potencial para a produção de medicamentos.

Sabe-se muito menos sobre os organismos marinhos do que sobre outras fontes de produtos naturais. No entanto, a investigação realizada até à data demonstrou que estes representam uma fonte valiosa de novos compostos bioactivos. Com o desenvolvimento de novos alvos moleculares, há uma procura crescente de uma nova diversidade molecular para rastreio. Os produtos naturais desempenham certamente um papel crucial na satisfação desta procura através da investigação contínua da biodiversidade mundial, grande parte da qual permanece inexplorada (Cragg e Newman, 2001a). Com menos de 1% do mundo microbiano atualmente conhecido, os avanços nas tecnologias de cultivo microbiano e de extração de ácidos nucleicos de amostras ambientais do solo e de habitats marinhos oferecerão acesso a um reservatório inexplorado de diversidade genética e metabólica (Cragg e Newman, 2001b). O mesmo se aplica aos ácidos nucleicos isolados de micróbios simbióticos e endofíticos associados a macroorganismos terrestres e marinhos.

A descoberta da vincristina e da vinblastina (Fig. 1.3) em 1963 por R. L. Noble e os seus colaboradores canadianos (Neuss e Neuss, 1990) e a sua patente bem sucedida pela Eli Lilly lançaram a indústria farmacêutica na procura de produtos naturais para o tratamento de vários cancros. A recente descoberta e desenvolvimento de produtos naturais como as avermectinas (anti-helmínticos), a ciclosporina e o FK-506 (imunossupressores), a mevinolina e a compactina (redutores do colesterol) e o Taxol e a camptotecina (anticancerígenos) (Fig. 1.3) revolucionaram as áreas terapêuticas da medicina (Kirst *et al.*, 1992). O desenvolvimento bem sucedido dos fungicidas azoxistrobina (β-metoxiacrilato) e dos pesticidas espinosade (macrólidos tetracíclicos) criou um interesse renovado na descoberta de produtos naturais para agroquímicos. Uma vez que os consumidores consideram que os produtos químicos de origem biológica são menos tóxicos para o ambiente e menos tóxicos para os mamíferos, as empresas químicas e farmacêuticas têm atualmente um maior desejo de descobrir e desenvolver produtos naturais para a proteção das plantas.

A versatilidade das plantas em termos de química e biossíntese é, sem dúvida, incomparável com a de qualquer outro grupo de organismos vivos e representa potencialmente a mais vasta fonte de novas entidades químicas farmacologicamente activas no mundo vivo. Embora a maioria dos produtos naturais utilizados para fins terapêuticos seja derivada de plantas, argumenta-se que, até à data, apenas arranhámos a superfície do que poderá ser uma caverna de Aladino. É claro que isto é verdade, mas temos de defender firmemente a *expansão, e* não a diminuição, da exploração da natureza como fonte de novos agentes activos que podem servir como pistas e andaimes para a elaboração de medicamentos eficazes desesperadamente necessários para uma multiplicidade de indicações de doenças.

O advento, a introdução e o desenvolvimento de várias técnicas novas e altamente específicas de bioensaios in vitro, de métodos cromatográficos e de técnicas espectroscópicas, especialmente a ressonância magnética nuclear (RMN), tornaram muito mais fácil o rastreio, o isolamento e a identificação rápida e precisa de potenciais compostos líderes de medicamentos. A automatização destes métodos torna atualmente os produtos naturais viáveis para o rastreio de alto rendimento (HTS).

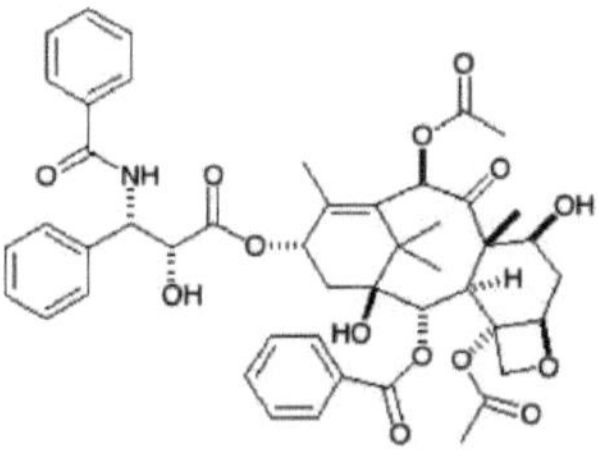

Paclitaxel (Taxol)

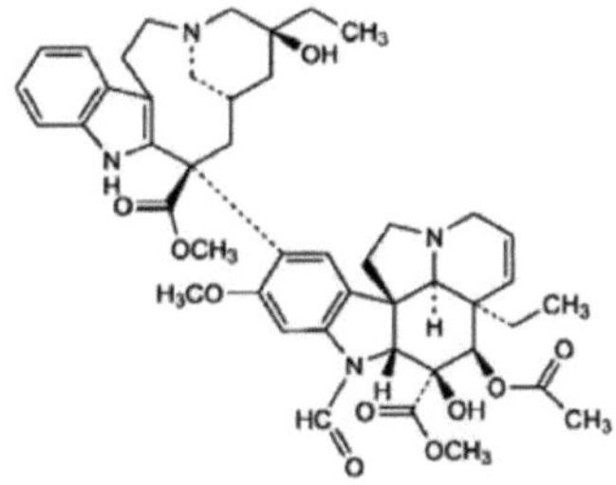

Vincristine

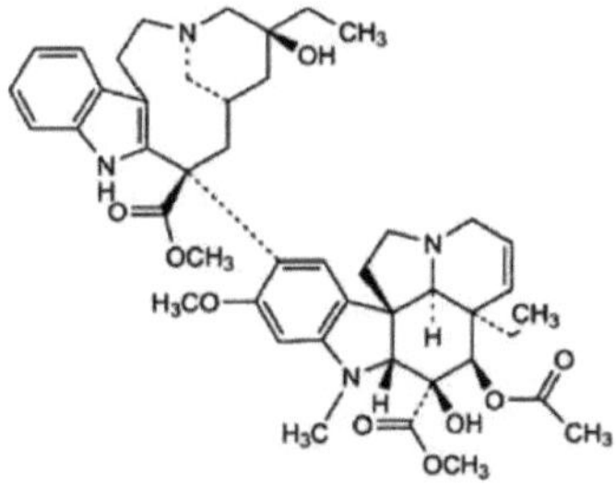

Vinblastine

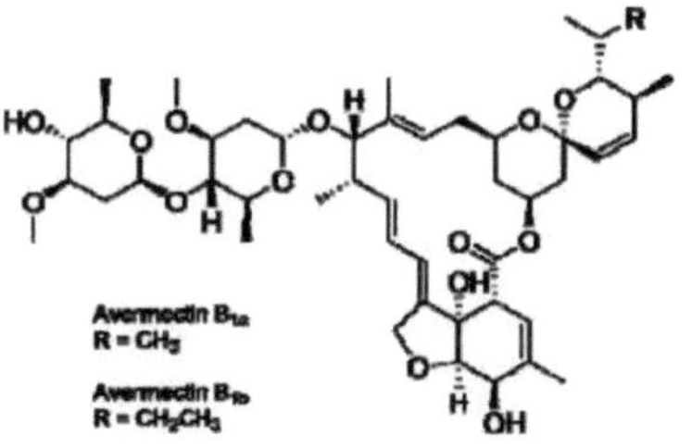

Avermectins

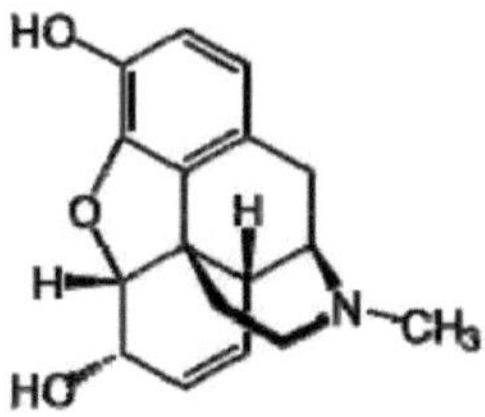

Morphine

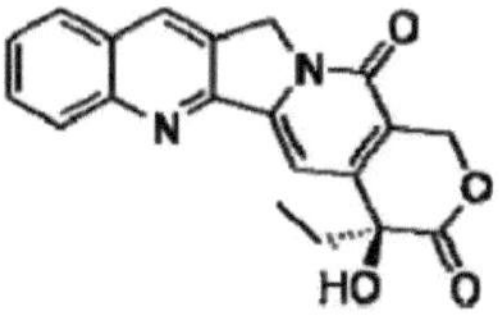

Camptothecin

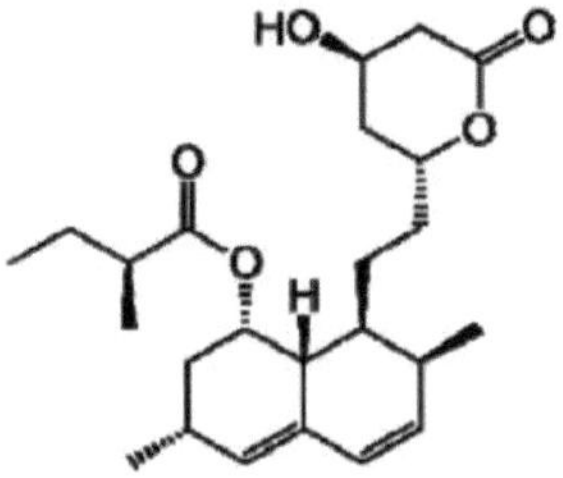

Mevinolin

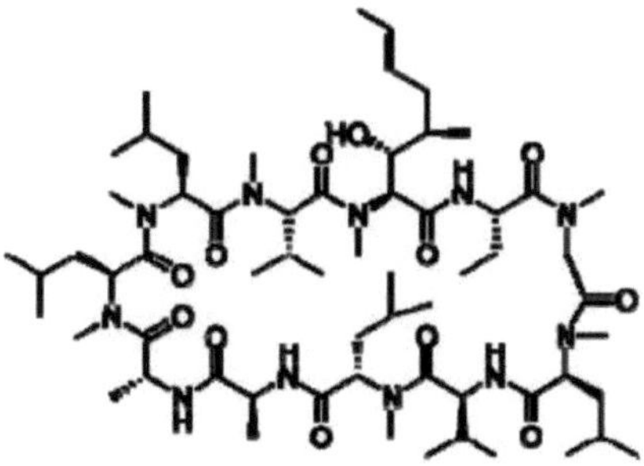

Cyclosporine

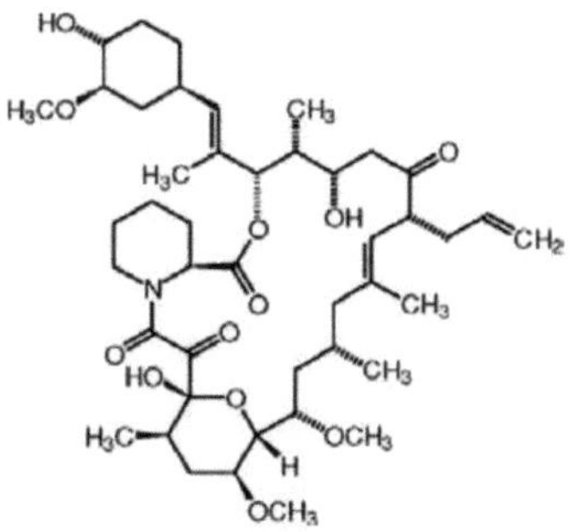

FK-506

CAPÍTULO 10

Descrição geral do género *Rhododendron*

O género *Rhododendron* (Ericaceae) é constituído por mais de 850 espécies, que ocorrem em todo o mundo (Alan *et al.,* 2010). Uma pesquisa exaustiva da literatura revelou que as diferentes espécies de *Rhododendron* têm uma vasta gama de actividades biológicas, incluindo atividade anti-HIV, anti-inflamatória, anti-artrítica, anti-reumática, diaforética, anti-hipertensiva, hipotensiva, diurética, anti-asmática, citotóxica, antibacteriana, antifúngica e antioxidante. Foram descobertas algumas moléculas bioactivas muito importantes deste género, nomeadamente o ácido rododauricrómico A anti-HIV, o ácido dauricrómico, a andromedotoxina hipotensora e as rodomolleínas e rodojaponinas citotóxicas. Os terpenóides, flavonóides, cumarinas, esteróides, aminas, ácidos fenólicos e glicosídeos constituem as principais classes de fitoconstituintes do género.

Várias espécies de *Rhododendron* oferecem uma oportunidade para a bioprospecção e precisam de ser exploradas para o isolamento de constituintes bioactivos para várias actividades biológicas, especialmente os seus efeitos nos sistemas imunitário, circulatório e respiratório.

Referências

1. Adebayo AH, Tan NH, Akindahunsi AA, Zeng GZ, Zhang YM. Atividade anticancerígena e antirradicalar de Ageratum conyzoides L. (Asteraceae). *Pharmacogn. Mag.* 2010, **6**, 62-66

2. Adorjan B, Buchbauer G. Biological properties of essential oils: Uma revisão actualizada. *Flavour and Fragrance Journal,* 2010, **25**, 407-426.

3. Agarwal OP, Khanna D.S. e Arora R B., Estudos da ação anti-aterosclerótica de ' *Nepeta hindostana* em porcos, *Arterry,* 1978, **4,** 487-496

4. Agarwal PK, Jain DC, Gupta RK. Carbono -13 NMR spectroscopy of steroidal sapgenins and and steroidal saponins. *Phytochemistry Res.* 1985, **11**, 2476-6.

5. Akin M, Oguz D, Saracoglu HT. "Efeitos antibacterianos de alguns extractos de plantas de Labiatae (Lamiaceae) que crescem naturalmente à volta de Sirnak-Silopi, Turquia," International *Journal of Pharmaceutical and Applied Sciences,* 2010, **1**, 4-47.

6. Alasalvar C, Magdalena K, Agnieszka K, Rybarczyk A, Shahidi F Amarowicz R. Antioxidant activity of hazelnut skin phenolics. *Jornal de Química Agrícola e Alimentar,* 2009, **57**, 4645-4650.

7. Alder AL. *The History of Penicillin Production;* Instituto Americano de Engenheiros Químicos: Nova Iorque, NY, EUA, 1970

8. Alekshun MN, Levy SB. Molecular mechanisms of antibacterial multidrug resistance. *Cell,* 2007, **128**, 1037-1050.

9. Ali H, Nisar M, Jehandar S, Shujaat A. Estudo etnobotânico de algumas plantas de elite pertencentes a Dir, Vale de Kohistan, Khyber Pukhtunkhwa, Paquistão. *Pak. J. Bot* 2011, **43**, 787-795

10. Alley MC, Scudiere DA, Monks A, Czerwinski M, Shoemaker RI, Boyd MR. Validação de um ensaio automatizado de tetrazólio em microculturas (MTA) para avaliar o crescimento e a sensibilidade a medicamentos de linhas celulares de tumores humanos. *Proc. Am. Assoc. Cancer Research,* 1986, **27**, 389.

11. Alley MC, Scudiere DA, Monks A, Hursey ML, Czerwinski MJ, Fine DL, Abbott BJ, Mayo JG, Shoemaker RH, Boyd MR. Feasibility of drug screening with panels of human tumor cell lines using a micro culture tetrazolium assay. *Cancer Research,* 1988, **48**, 589-

601.

12. Ames BN, Shigenaga MK, Hagen TM. Oxidants, antioxidants, and the degenerative diseases of aging. Actas da Academia Nacional das Ciências dos Estados Unidos da América, 1993, **90**, 7915-7937.

13. Andreas J, Stefan D. Chemical Composition of Anther Volatiles in *Ranunculaceae:* Genera-Specific Profiles in Anemone, Aquilegia, Caltha, Pulsatilla, Ranunculus, and Trollius species. *American Journal of Botany,* 2004, **91**, 1969-1980

14. Ashour ML, El-Readi M, Youns M, Mulyaningsih S, Sporer F, Efferth T e Michael W. Composição química e atividade biológica do óleo essencial obtido de *Bupleurum marginatum* (Apiaceae). *Jornal de Farmácia e Farmacologia,* 2009, **61**, 1079-1087.

15. Awan MR, Shah M, Akbar G, & Ahmad S. Utilizações tradicionais de plantas economicamente importantes do distrito de Chitral, Malak and Division, NWFP, Paquistão. Jornal Paquistanês de Botânica, 2001, **33**, 587-598

16. Bakkali F, Averbeck S, Averbeck D, Idaomar M. Biological effects of essential oils-A review. *Food and Chemical Toxicology,* 2008, **46**, 446-475.

17. Balijepalli MK, Tandra S, Rao PM. Atividade antiproliferativa e indução de apoptose em linhas celulares de carcinoma da mama humano positivas e negativas para receptores de estrogénio por raízes de Gmelina asiatica. *Pharmacogn. Res.,* 2010, **2**, 113-119.

18. Baser KHC, Kirimer N, Kurkcuoglu M. e Demirci B. Óleos essenciais de espécies de *Nepeta*

na Turquia. *Chem. Nat. Compd,2000,* **36,** 356-359.

19. Bayoub K, Baibai T, Mountassif D, Retmane A e Soukri A. Actividades antibacterianas dos extractos brutos de etanol de plantas medicinais contra Listeria monocytogenes e algumas outras estirpes patogénicas. *Jornal Africano de Biotecnologia,* 2010, **9**, 4251-4258.

20. Bhagwati U. Utilization of Medicinal Plants by the Rural Women of Kulu, HP (Utilização de plantas medicinais pelas mulheres rurais de Kulu, HP). *Indian J trad knowledge,2003,* **2**, 366-370

21. Bhattacharya SC, N Sen, KL Sethi, M Primlani. Essential Oils of Indian Artemisia, 1989, **4**, 127-135, *Oxford & IBH Publ. Co.,* New Delhi.

22. Bhattacharya PR, Nath D, Bordoloi N. Insecticidal Activity of *Ranunculus sceleratus* (L.) against *Drosophila melanogaster* and *Tribolium castaneum*. *Jornal de Biologia Experimental,* 1993, **31**, 8586.

23. Bisht DS, RC Padalia, L. Singh, V. Pande, P. Lal e Mathela, CS. Constituintes e atividade antimicrobiana dos óleos essenciais de seis espécies de *Nepeta* dos Himalaias, *J. Serb. Chem. Soc.* 2010, **75,** 739-747.

24. Bobbarala V, Katikala PK, Naidu KC e Penumajji S. Antifungal Activity of Selected Plant Extracts against Phytopathogenic Fungi *Aspergillus niger*. *Jornal Indiano de Ciência e Tecnologia,* 2009, **2**, 87-90

25. Bohlmann F, Zeisberg R, Klein E. Derivados de terpenos naturais, espectros de 13CNMR de monoterpenos. *Org. Magn. Reson.* 1975, *7,* 426-432.

26. Bonora A, Dallolio G, Donini A, Brunt A. An Hplc Screening of Some Italian *Ranunculaceae* for the Lactone Protoanemonin. *Phytochemistry,* 1987a, **26**, 2277-2279

27. Bonora AB, Tosi A, Donini B, Botta A, Bruni. Elicitor-induced Accumulation of Protoanemonin in *Caltha palustris* L. *Journal of Plant Physiology* 1987b, **131**, 489-494

28. Bonora, A.B., Botta, E., Menziani-Andreoli, A., Bruni (1988). Distribuição e acumulação órgão-específica de protoanemonina em *Ranunculus ficaria* L. *Biochemie und Physiologie der Pflanzen* **183**, 443-447

29. Borges F, Roleira F, Milhazes N, Santana L, Uriarte E. Cumarinas simples e análogos em química medicinal: ocorrência, síntese e atividade biológica. *Química Medicinal Atual,* 2005, **12**, 887-916

30. Braca A, Sortino C, Politi M, Morelli I, Mendez J. Antioxidant activity of flavonoids from *Licania licaniaeflora*. *Journal of Ethnopharmacology*, 2002, **79**,379- 381.

31. Brag LC, Leite AA, Xavier KG, Takahashi JA, Bemquerer MP, Chartone- Souza E, Nascimento AM. Interação sinérgica entre extrato de romã e antibióticos contra *Staphyoloccus aurens. Can. J. Microbal,* 2005, **51**, 541-547

32. Brito S, Alba RM. Como estudar a farmacologia de plantas medicinais em países subdesenvolvidos. *Journal of Ethnopharmacology,* 1996, ***54,*** 131.

33. Brosnahan AJ e Schlievert PM. A sinalização de fora para dentro do superantigénio

bacteriano Gram-positivo causa a síndrome do choque tóxico. *FEBS Journal*, 2011, **278**, 4649-4667.

34. Bryan Mott, Abhai Tripathi, Maxime AS, Cathy DM, David, J.Sullivan, Gary H. Posner. Synthesis and Antimalarial Efficacy of Two-Carbon-Linked, Artemisinin-Derived Trioxane Dimers in Combination with Known Antimalarial Drugs. *J. Med. Chem.* 2013, **56**, 2630-2641

35. Burda S, Oleszek. Antioxidant and antiradical activities of flavonoids. *Journal Agriculture and Food Chemistry,* 2001, **49**, 2774.

36. Burt S. Essential oils: their antimicrobial properties and potential application in foods-A review. *Jornal Internacional de Microbiologia Alimentar,* 2004, **94**, 223-253.

37. Buss AD, Waigh RD, Wolff ME. *Natural Products as leads for New Pharmaceuticals,* 1995, Capítulo 24, *Wiley,* Nova Iorque.

38. Butler MS. O papel da química de produtos naturais na descoberta de medicamentos. *J. Nat. Prod.* 2004, **67**, 2141-2153.

39. Canigueral S. Ana Paula Martins, LR Salgueiro, Maria José Gonçalves, António Proença da Cunha, Roser Vila. Atividade imunomoduladora e caraterização química do sangre de drago (sangue de dragão) de Croton lechleri. *Planta Medica,* 2003, **69**, 785-794

40. Cao XW, Li J, Chen SB, Li XB, Xiao PG. Determinação simultânea de nove nucleósidos e nucleobases em diferentes espécies de Fritillaria por HPLC-detetor de matriz de díodos. *J Sep Sci,* 2010, **33**, 1587-1594.

41. Casley-Smith JR, Wang CT, Casley-Smith J, Zi-hai C. Tratamento do linfedema filarial e da elefantíase com 5,6-benzo-alfa-pirona (cumarina). *British Medical Journal,* 1993, **307**, 1037.

42. Celiktas OY, Kocabas EH, Bedir E, Sukan FV, Ozek T e KH Baser. Antimicrobial activities of methanol extracts and essential oils of *Rosmarinus officinalis*, depending on location and seasonal variations. *Food Chemistry*, 2006, **100**, 553-559

43. Chatterjee A, Banerji J, Basa SC. Constituintes lactónicos de *Prangos pabularia* Lindl (umbelliferae). *Tetrahedron,* 1972, **28**, 5175-5182

44. Chen L, Lin S, Agha-Majzoub R, Overbergh L, Mathieu C e Chan LS. O CCL27 é um fator crítico para o desenvolvimento da dermatite atópica no modelo de ratinho transgénico

IL-4 com queratina-14. *International Immunology,* 2006, **18**, 1233-1242.

45. Chopra RN, Nayar SL, Chopra IC (1986) Glossary of Indian Medicinal Plants CSIR New Delhi.

46. Clardy J, Walsh C. Lessons from natural molecules (Lições das moléculas naturais). *Nature*, 2004,**16**,829-837

47. Colegate SM, Molyneux RJ. Bioactive Natural Products: Deteção, Isolamento e Determinação da Estrutura; *CRC Press: Boca Raton,* FL, EUA, 2008, 421437.

48. Collin AR. Danos oxidativos no ADN, antioxidantes e cancro. *Bio-Essays*, 1999, **21**, 238-246.

49. Cordell,G. Biodiversidade e descoberta de medicamentos - uma relação simbiótica. *Phytochemistry.* 2000,**55,** 463

50. Cowan MM. Produtos vegetais como agentes antimicrobianos. *Clin Microbial Rev,* 1999, **12**, 564-82

51. Cragg GM, Newman DJ. Biodiversity: A continuing source of novel drug leads. *Pure Appl.Chem.* 2005, **77**, 7-24.

52. Crowell PL. Prevention and therapy of cancer by dietary monoterpenes. *Journal of Nutrition,* 1999, **129**, 775-778.

53. Cushnie TP, Lamb AJ. Atividade antimicrobiana dos flavonóides. *Revista Internacional de Agentes Antimicrobianos, 2005,* **26**, 343.

54. Dabiri M e Sefidkon F. Composição do óleo essencial de Nepeta crassifolia Boiss Buhse. *Flav. Fragr,* 2003, **18**, 225-227

55. Dance, DAB. Melioidose. *Opinião Atual em Doenças Infecciosas,* 2002, **15**,127-132.

56. Dar MY, Shah WA, Mubashir S & Rather MA. Análise cromatográfica, atividade antiproliferativa e de eliminação de radicais do óleo essencial de Pinus wallichina que cresce em áreas de alta altitude da Caxemira, Índia. *Phytomedicine,* 2012, **19**, 1228-1233.

57. Descalzo AM e Sancho AM. Uma revisão dos antioxidantes naturais e seus efeitos sobre o estado oxidativo, odor e qualidade da carne bovina fresca produzida na Argentina. *Meat Science,* 2008, **79**, 423-436.

58. Dewick PM. *Medicinal Natural Products: A Biosynthentic Approach,* 2ª ed.; John Wiley

and Son: West Sussex, Reino Unido, 2002, p. 520.

59. Dickenmann R. Cyanogenesis in *Ranunculus montanuss* from the Swiss Alps. *Bericht des Geobotanischen Institutes ETH,* 1982, **49**, 56-75

60. Didna B, Debnath S, Harigaya Y. Iridóides de ocorrência natural. A Review *Chemical and Pharmaceutical Bulletin,* **2007**, *55,*159-222.

61. Didry NL, Dubreuiland M, Pinkas. Propriedades microbiológicas da protoanemonina isolada de *Ranunculus bulbosus*. *Investigação em Fitoterapia,* 1993, 7,21-24

62. Dongmoa AB, Azebaze AGB, Nguelefack TB, Ouahouod BM, Sontia B. Efeito vasodilatador dos extractos e de algumas cumarinas da casca do caule de Mammea africana (Guttiferae). *J Ethnopharmacol,* 2007, **111**, 329-334

63. Dorman HJD & Deans SG. Antimicrobial agents from plants: Antibacterial activity of plant volatile oils. *Jornal de Microbiologia Aplicada,* 2000, **88**, 308316

64. Doughari JH, El-Mahmood, AM e Tyoyina SP. Atividade antimicrobiana de extractos de folhas de *Senna obtusifolia* (L). *Afric. J. Pharmacy* and *Pharmacology,* 2008, **2**, 7-13

65. Du SS, Xu YC; Wei LX. Análise dos ácidos gordos no rizoma de *Arisaema erubescens. J. Beijing Univ. TCM,* 2003, **26**, 44-46.

66. Du SS, Xu YC, Wei LX. Constituintes químicos de *Arisaema erubescens*. *Zhong Cao Yao* 2003, **34**, 310-311.

67. Du SS, Lei N, Xu YC, Wei LX. Estudo sobre os flavonóides de *Arisaema erubescens. Chin. Pharmacol. J.* 2005, **40**, 1457-1459.

68. Dua J, Hea ZD, Jianga RW, Yeb WC, Xua HX, Buta PH. Flavonóides antivirais da casca da raiz de Morus alba. *Phytochemistry,* 2003, **62**, 1235-1238

69. Ducki S, Hadfield JA, Lawrence NJ, Zhang XG, McGown AT. Isolamento de paeonol de *Arisaema erubescens. Planta Med.* 1995, **61**, 586-587.

70. Ducki S, Hadfield JA, Zhang XG, Lawrence NJ, McGown AT. Isolamento do acetato de aurantiamida de *Arisaema erubescens*. *Planta Med.* 1996, **62**, 277278.

71. Edris AE. Potencial farmacêutico e terapêutico dos óleos essenciais e dos seus constituintes voláteis individuais: A review. *Phytotherapy Research*, 2007, **21**, 308-323.

72. Efferth T, FuYJ, Schwarz G, Konkimall VS, Wink M. Molecular Target Guided Tumour

Therapy with Natural Products Derived from Traditional Chinese Medicine (Terapia de Tumores Guiada por Alvos Moleculares com Produtos Naturais Derivados da Medicina Tradicional Chinesa). *Curr. Med chem,* 2007, **14**, 2024-2032

73. Fellermann K, Wehkamp J, Herrlinger KR e Stange EF. Doença de Crohn: uma síndrome de deficiência de defensina. *Jornal Europeu de Gastroenterologia e Hepatologia,* 2003, **15**, 627-634

74. Friedl P, Wolf K. Tumour-cell invasion and migration: diversity and escape mechanisms. *Nat Rev Cancer*, 2003, **3**, 362-374.

75. Friedl P. Prespecification and plasticity: shifting mechanisms of cell migration. *Curr Opin Cell Biol,* 2004, **16**, 14-23.

76. Friedl P. Collective cell migration in morphogenesis, regeneration and cancer (Migração colectiva de células na morfogénese, regeneração e cancro). *Nat. Rev. Mol. Cell Biol,* 2009a, **10**, 445-457.

77. Friedl P, et al. Collective cell migration in morphogenesis, regeneration and cancer (Migração celular colectiva na morfogénese, regeneração e cancro). *Nat. Rev. Mol. Cell Biol.* 2009b, **10**, 445-457.

78. Ghanta S, Banerjee A, Avijit poddar, e Sharmila chattopadhyay. Oxidative DNA damage Preventive Activity and Antioxidant Potential of Stevia rebaudiana (Bertoni) Bertoni, a Natural sweetenerj. *Agric. Food Chem,* 2007, **55**, 10962-10967.

79. Gordaliza MA, Castro JM, Feliciano AS. Propriedades antitumorais da podofilotoxina e compostos relacionados. *Jornal de Investigação Farmacêutica Atual,* 2000, **6,** 1811-1839

80. Gotlieb AI, Spector W. Migration into an in vitro experimental wound: a comparison of porcine aortic endothelial and smooth muscle cells and the effect of culture irradiation. *Am J Pathol,* 1981, **103**, 271-282.

81. Gough W. A quantitative, facile, and high-throughput image-based cell migration method is a robust alternative to the scratch assay. *J. Biomol. Creen*, 2011, **16**, 155-163.

82. Grasseli JG. CRC atlas of spectral data and physical constants for organic compounds (Atlas CRC de dados espectrais e constantes físicas para compostos orgânicos). Cleveland, Inglaterra, *CRC Press,* 1974.

83. Grassmann, J. Terpenoids as plant antioxidants. *Vitamins and Hormones,* **2005**, *72,* 505-535.

84. Gregory WC. Phylogenetic and Cytological Studies in the Rananculaceae. *Trans. Am. Philos. Soc,* 1941, **31**, 443-521.

85. Griffin SG, Wyllie SG, Markham JL & Leach DN. The role of structure and molecular properties of terpenoids in determining their antimicrobial activity. *Flavour and Fragrance Journal,* 1999, **14**, 322-332.

86. Grund CJ, Gilroy T, Gleaves U, Jensen e Boulter D. Systematic Relationships of the Ranunculaceae Based on Amino Acid Sequence Data. *Phytochemistry,* 1981, **20**, 1559-1565

87. Guardia T, Rotelli AS, Juarez AO, Pelzer LE. Propriedades anti-inflamatórias dos flavonóides vegetais. Efeitos da rutina, quercetina e hesperidina na artrite adjuvante em ratos. *IL Farmaco,* 2001, **56**, 683-687.

88. Guay DR. Tratamento das infecções bacterianas da pele e das estruturas cutâneas. *Opinião de especialistas em farmacoterapia,* 2003, **4**, 1259-1275.

89. Gulder TA, Moore BS. Produtos naturais salinosporamida: Potentes inibidores do proteassoma 20S como quimioterapêuticos promissores para o cancro. *Angew Chem Int Ed Engl.* 2010, 3 (49), 9346-67

90. Gupta BK, Wali BK, Vishwapaul, Handa KL. Coumarins from Prangos pabularia Linn. *Indian J. Chem,* 1964, **2**, 464-466

91. Haddad PS, Azar GA, Groom S e Boivin M. Produtos naturais de saúde, modulação da função imunitária e prevenção de doenças crónicas. *Evidence Based Complementary and Alternative Medicine,* 2005, **2**, 513-520.

92. Halkier BA, Du L. The biosynthesis of glucosinolates. *Tendências em Ciências Vegetais,* 1997, **2**, 425-431

93. Halliwell B & Gutteridge JMC. Role of free radicals and catalytic metal ions in human disease: An overview. *Methods in Enzymology,* 1990, **186**, 1-85.

94. Hamburger M, Hostettmann K. Bioactivity in plants: the link between phytochemistry and medicine. *Phytochemistry,* 1991, **30**, 3864.

95. Hamedo HA & Abdelmigid HM. Utilização da potencialidade antimicrobiana e de

genotoxicidade para a avaliação de óleos essenciais como conservantes alimentares. *The Open Biotechnology Journal,* 2009, **3**, 50-56.

96. Handjieva NV e SS Popon. Constituintes dos óleos essenciais de *Nepeta cataria* L., N. grandiflora M. B., e N. nuda L., *J. Essent. Oil Res.* 1996, **8**, 639-643.

97. Harborne JB, Williams CA. Avanços na investigação sobre flavonóides desde 1992. *Phytochemistry,* 2000, **55**, 481-504

98. Hata K, Kozawa M, Yen KY, Kimura V. Estudos faramacognósticos sobre plantas umbelíferas. *J Pharm Soc Japan,* 1963, **83**, 611-614

99. Hiramoto K, Ojima N, Sako K, Kikugawa K. Effect of plant phenolics on the formation of the spin-adduct of hydroxyl radical and the DNA strand breaking by hydroxyl radical. *Biol. Pharm. Bull.* 1996, **19**, 558-563.

100. Hooker, JD. *Flora of British India.vol.* 4, 1975.

101. Hsueh PR, Teng LJ, Lee LN. "Melioidose: uma infeção emergente em Taiwan?" *Emerging Infectious Diseases (Doenças Infecciosas Emergentes),* 2001, **7**, 428-433.

102. Hu. Li e CL Long. Estudos etnobotânicos nas montanhas Gaoligong: I. O povo Lemo. *Ata Bot. Yunnan,* 1998, XI(Suppl.), 12.

103. Huey-Chun Huang, Hsiao-Fen Wang, Kuang-Hway Yih, Long-Zen Chang e Tsong-Min Chang. Bioactividades duplas do óleo essencial extraído das folhas de *Artemisia argyi* como agente antimelanogénico *versus* agente antioxidante e análise da composição química por GC/MS. *Int. J. Mol. Sci.* 2012, **13**, 14679-14697

104. Hussain AI, Anwar F, Sherazi STH e Przybylski R. A composição química, as actividades antioxidante e antimicrobiana dos óleos essenciais de manjericão (*Ocimum basilicum*) dependem das variações sazonais. *Food Chemistry*, 2008, **108**, 986-995.

105. Iqbal PF, Bhat AR, Azam A. Cumarinas anti-amebianas da casca da raiz de Adina cordifolia e seus novos derivados de tiossemicarbazona. *Eur J Med Chem,* 2009, **44**, 2252-2259

106. Janssen AM, Scheffer JJC e Baerheim Svendsen. Atividade antimicrobiana dos óleos essenciais: uma revisão da literatura de 1976-1986. Aspectos dos métodos de ensaio. *Planta Medica,* 1987, 53,395-398.

107. Jaworska H, Nybom N. A thin-layer chromatographic study of *Saxifraga caesia, S. aizoids* and their puntative hybrid. *Hereditas,* 1967, **57**, 159-167.

108. Nova Faculdade de Medicina de Jiangsu. In *Encyclopedia of Chinese Medicinal Substances;* Shanghai People's Publisher: Xangai, China, 1986; pp. 329333.

109. Jork HM Nachtrab. Novas substâncias dos óleos essenciais de espécies de *Artemisia*. II. Davanona, uma cetona sesquiterpénica furanóide. *Arch. Pharm. (Weinheim),* 1979, **312**, 435-455.

110. Jung JH, HK Lee, e SS. Kang. Diacilglicerilgalacto- lados de Arisaema amurense. *Phytochemistry* ,1996, **42**, 447.

111. Jung JH, OL. Chong, CK. Young, e SS. Kang, Constituintes químicos dos tubérculos de Arisaema franchetianum *J. Nat. Prod.,* 1996, **59**, 319

112. Juvekar GS, Sen AS, Singh Arjun S, Suman K. Atividade anticancerígena in vitro de extractos padrão utilizados na ayurveda. *Pharmacogn. Mag.* 2009, **5**, 425-429.

113. Ke WS, Yang JL, Meng Z, Ma AN. Avaliação das actividades moluscicidas dos extractos de tubérculos *de Arisaema* no caracol *Oncomelania hupensis. Pestic. Biochem. Physiol.* 2008, **92**, 129-132.

114. Kirtikar KR, Basu BD. Indian Medicinal Plants, 1986, vol.1, segunda ed., Singh B. Singh MP, Índia.

115. Koul SK, Thakur RS. O óleo essencial de Prangos pabularia Lindl. *Indian Perfumer,* 1978, **22**, 284-286.

116. Koul SK, Dhar KL, Thakur RS. A new coumarin glucoside from *Prangos pabularia. Phytochemistry,* 1979, **18**, 1762-1763.

117. Kumar Singh P, Kumar V, Tiwari RK, Sharma A, Rao CV e Singh RH. Medico-etnobotânica do bloco "chatara" do distrito de Sonebhadra, Uttar Pradesh, Índia. *Avanços na investigação biológica,* 2010, **4**, 65-80.

118. Kunwar RM, Duwadee NPS. Ethanobotanical notes on flora of Khaptad National Park (KNP), far-western Nepal. *Himalayan Journal of Sciences,* 2002, **1**, 25-30.

119. Lake B. Síntese e investigação farmacológica de derivados de 4-hidroxi cumarina e mostrados como anti-coagulantes. *Food Chem Tox,* 1999, **3**, 412-423

120. Lampugnani MG. Migração celular para uma área ferida in vitro. *Methods Mol Biol,* 1999, **96**, 177-182.

121. Lee H, Kim T, Chai KY, Chung HT, Kwon TO, Jun JY, Jeong OS, Kim YC, Yung YG. Furocumarinas de Angelica dahurica com atividade hepatoprotectora na citotoxicidade induzida pela tacrina em células Hep G2. *Planta Medica,* 2002, **68**, 463.

122. Lev. E., Amar, Z.J. Ethnopharmacological survey oftraditional drugs sold in Israel at the end of the 20th century. *Ethnopharmacol.*, 2000, **72**, 191

123. Lewis WH e Elwin-Lewis MP. Medical Botany: Plantas que afectam a saúde humana, 2003, *John Wiley & Sons,* Nova Iorque, NY, EUA.

124. Liang CC. *In vitro* scratch assay: a convenient and cheap method for analysis of cell migration *in vitro*. *Nat. Protoc*, 2007, **2**, 329-333

125. Liang Zhu, Jiali Dai, Li Yang, Jun Qiu. Atividade anti-helmíntica dos óleos essenciais de Arisaema franchetianum e Arisaema lobatum contra Haemonchus contortus. *Jornal de Etnofarmacologia,* 2013, **148**, 311-316

126. Lightfoot j. *J. Flora Scotica;* Benjamin White: Londres, Reino Unido, 1977, Volume 2.

127. Liu L, Han L, Wong DY, Yue PY, Ha WY, Hu YH. Efeitos dos polissacáridos da decocção de Si-Jun-Zi na migração celular e na expressão de genes em células epiteliais intestinais de ratos feridos. *Br JNutr,* 2005, **93**, 21-29.

128. Liu LX, Durham DG, Richards RME. Vancomycin Resistance Reversal in Entrococci by Flavanoids. *J of Pharm Pharacol,* 2001, **53**, 129-32

129. Lopes-Lutz D, Alviano DS, Alviano CS & Kolodziejczyk PP. Triagem da composição química, actividades antimicrobianas e antioxidantes de óleos essenciais de Artemisia. Phytochemistry, 2008, 69, 1732-1738.

130. Mahady GB. Plantas medicinais para a prevenção e tratamento de infecções bacterianas. *Atual Pharmaceutical Design,* 2005, **11**, 2405-2427.

131. Maplestone RA, Stone MJ, Williams DH. The evolutionary role of secondary metabolites-A review. *Gene* 1992, **115**, 151-157.

132. Martin ML, San Roman, Dominguez A. Atividade in vitro da protoanemonina, um agente antifúngico. *Planta Medica* ,1990, **56**, 66-69

133. Marvin Miller, Andrew Walz, Helen Zhu, Chunrui Wu, Garrett Moraski, Ute Möllmann, Esther Tristani, Alvin Crumbliss, Michael Ferdig, Lisa Checkley, Rachel Edwards e Helena Boshoff, *J. Am. Chem. Soc.* 2011, **133**, 2076-2079.

134. Mazloomifar H, Bigdeli M, Saber Tehrani M, Rustaiyan A, Masoudi S. Óleo essencial de *Prangos uloptera* DC do Irão. *J Essent Oil Res*, 2004, **16**, 415-415

135. Miglarni BD, AS Chawal, e KN Gaind. Constituintes químicos dos *tubérculos* de *Arisaema franchetianum Indian J. Pharm,* 1978, **26**, 25.

136. Mimica-Dukic N, Bozin B, Sokovic M, Mihajlovic B, Matavulj M. Actividades antimicrobianas e antioxidantes de três óleos essenciais de espécies de *Mentha. Planta Medica,* 2003, **69**,413-419.

137. Moon EJ, Lee YM, Lee OH, Lee MJ, Lee SK, Chung MH. Um novo fator angiogénico derivado do gel de aloé vera: beta-sitosterol, um esterol vegetal. *Angiogenesis,* 1999, **3**, 117-123.

138. Mubashir Sofi, Dar Mohd Yousuf, Lone Bashir Ahmad, Zargar M Iqbal, Shah Wajaht. Atividade anti-helmíntica, antimicrobiana, antioxidante e citotóxica. *Jornal Chinês de Medicamentos Naturais,* 2014, **12,** 0567-0572

139. Müller A, Weiler EW. Indolic constituents and indole-3-acetic acid biosynthesis in the wild-type and a tryptophan auxotroph mutant of *Arabidopsis thaliana. Planta medica,* 2000, **211**, 855-863

140. Murray RDH, Mendez J, Brown SA. Coumarin activity in plants and bioorganism aspects. *John Wiley,* 1982, 45-55

141. Negueruela AV, MM Rico, B Benito e MJ Perez-Alonso. Composicion de los aceites esenciales de *Nepeta nepetella* subsp. aragonensis, *Nepeta coerulea* subsp. coerulea *Nepeta cataria* Giorn, *Bot. Ital,* 1998, **122**, 295-302

142. Neuhouser ML. Flavonóides dietéticos e risco de cancro: Evidence from human population studies. *Nutrition and cancer,* 2004, **50**, 1.

143. Newman DJ, Crag GM. Natural products as sources of new drugs over the last 25 years . *J Nat. Prod.* 2007, **70**, 461-477

144. Nikaido H. Prevenir o acesso dos medicamentos aos alvos: Barreira de permeabilidade

da superfície celular e efluxo ativo em bactérias. *Stem Cell and Developmental Biology*, 2001, **12**, 215-223.

145. Niwano Y, Beppu F, Shimada T, Kyan R, Yasura K, Tamaki M. Rastreio extensivo de alimentos vegetais em Okinawa, Japão, com atividade anti-obesa em adipócitos. In Vitro, Plant Foods Human Nutrition, 2009, **64**, 6-10.

146. Normanly J, Bartel B. Redundancy as a way of life-IAA metabolism. *Current Opinion in Plant Biology,* 1999, **2**, 207-213.

147. Obeso JL, Auerbach R. A new microtechnique for quantitating cell movement in vitro using polystyrene bead monolayers. *J Immunol Methods,* 1984, **70**, 141-152.

148. Oumzil H, Ghoulami S, Rhajoui ML, Lidrissi A, Fkih-tetouani S, Faid M, Benouad A. Antibacterial and Antifungal Activity of Essentials Oils of *Mentha suaveolens, Phythother Res*, 2002, **16**, 727-31

149. Pamela C, RA Chanpe e JB Harvey. Lippincott's Illustrated reviews Biochemistry, 2ª edição. Lippincott company Philadelphia, 1994, pp306.

150. Pan YM, Wang K, Huang SQ, Wang HS, Mu XM, He CH. Atividade antioxidante do extrato de casca de longan (Dimocarpus Longan Lour.) assistido por micro-ondas. *Jornal de Química Agrícola e Alimentar,* 2008, **106**, 1264-1270.

151. Paradiso VM, Summo C, Trani A e Caponio F. Um esforço para melhorar o prazo de validade dos cereais de pequeno-almoço utilizando tocoferóis mistos naturais. *Jornal da Ciência dos Cereais,* 2008, **47**, 322-330.

152. Pedras MS. Para uma compreensão e controlo das doenças fúngicas das plantas em Brassicaceae. *Química Agrícola e Alimentar,* 1998, **2**, 513531.

153. Pedras MS, Biesenthal, CJ. Coloração vital de culturas de suspensão de células vegetais: avaliação das actividades fitotóxicas das fitotoxinas phomalide e destruxin B. *Plant Cell Reports,* 2000, 19, 1135-1138

154. Perumal Samy, Pushparaj PN, Gopalakrishnakone P. Uma compilação de compostos bioactivos da Ayurveda. Bioinformation, 2008, **3**, 100-110.

155. Piao XL, Park IH, Baek SH, Kim HY, Park MK, et al. Atividade antioxidante de furanocumarinas isoladas de Angelicae dahuricae. J Ethnopharmacol, 2004, 93, 243-246.

156. Piironen V, DG Lindsay, TA Miettien, J Toivo e AM Lampi. *J. Sci. of food and agriculture,* 2000, **80**, 939-966.

157. Pinto M, A. C.; Hypoglycemic effect of trans-dehydrocrotonin, a nor- clerodane diterpene from Croton cajucara *Planta Medica,* 1997, **66,** 558.

158. Poonam K e Singh GS. Ethnobotanical study of medicinal plants used by the Taungya community in Terai Arc Landscape, India (Estudo etnobotânico de plantas medicinais utilizadas pela comunidade Taungya na paisagem do arco do Terai, Índia). Journal of Ethnopharmacology, 2009, **123**, 167-176.

159. Prabha B, Rastggi RP. Constituintes triterpénicos de *Caltha palustris. Phytochemistry,* 1984, **23**, 2082-2085

160. Pretsch E, Buhlmann, Affolter A. Structure Determination of organic compounds Table of spectral data springer. Verlag Berlin Heidelberg. 2000; Pp. 71-150.

161. Prokopenko SA e Spiridonov AV. Betulina do trevo da Transcaucásia *(Nepeta).Farm. Zhurnal,* 1985, **6**, 70

162. Ramanithrasimbola D, Rakotondramanan DA, Rasoanaivo P, Randriantsoa A, Ratsimamanga S. Atividade broncodilatadora de *Phymatodes scolopendria* (Burm) Ching e do seu constituinte bioativo. *J Ethnopharmacol,* 2005, **102**, 400-407

163. Rapisarda A, Galati EM, Tzakou O, Flores M e Miceli N. Análise micromorfológica de folhas e flores. *Farmaco,* 2001, 56, 413415

164. Rasooli I. Food preservation-a biopreservative approach (Conservação de alimentos - uma abordagem biopreservadora). *Food,* 2007, **1**, 111-136.

165. Rather MA e T. Hassan. Análise do óleo essencial rico em diterpenos de *Nepeta clarkei* Hooke dos Himalaias de Caxemira por GC-MS capilar, *Int. J. hemTech Res.* 2011, **3**, 959-962.

166. Rather, MA H. Tauheeda, A.S. Shawl, M.A. Qurishi e B.A. Ganai. Caracterização do óleo essencial de *Nepeta laevigata* (D. Don), *Indian Perfum.* 2010, **54**, 39-41.

167. Razavi SM, Nazemiyeh H, Delazar A, Hajiboland R, Mukhlesur. Cumarinas das raízes de *Prangos uloptera,. Phytochem Lett*, 2008, **1**, 159-162

168. Rebecca Wilson, Samuel Danishefsky. Síntese de d-biotina a partir de L-cistina

J.Org.Chem, 2006, **71**, 8329

169. Renau TE, Hecker SJ, Lee VJ. Antimicrobial Potentiation Approaches; Targets & Inhibitiors (Abordagens de Potenciação Antimicrobiana; Alvos e Inibidores). *Ann Rep Med Chem,* 1998, **33,** 121-30

170. Reng CM, Lin CH, Ko FN, Wu TS, Huang TF. A ação relaxante do osthole isolado de *Angelica pubescens. Archieves of Pharmacology,* 1994, **49,** 202.

171. Riahi R. Advances in wound-healing assays for probing collective cell migration (Avanços nos ensaios de cicatrização de feridas para sondagem da migração colectiva de células). *J. Lab. Autom,* 2012, **17**, 59-65.

172. Risco E, Ghia F, Vila R, Iglesias J, Alvarez E, Wen C, Kuo Y, Jan J, Liang P, Wang S, Liu H, Lee C, Chang S, Kuo C, Lee S, Hou C, Hsiao P, Chien S, Shyur S, Yang N. Immunomodulatory activity and chemical characterisation of sangre de drago (dragon's blood) from Croton lechleri. *Jornal de Química Medicinal,* 2007, **50**, 4087.

173. Rosato A, Vitali C, Gallo D, Balenrano L & Mallamaci R. A inibição de Candida albicans por óleos essenciais selecionados e o seu sinergismo com anfotericina-B. Phytomedicine, 2008, 15, 635-638.

174. RP Adams. Identification of essential oil components by Gas Chromatography/Mass Spectrometry, Allured Publishing Corp., Carol Stream, Illinois, USA, 2007

175. Ruijgrok, HWL. The distribution of Ranunculin and Cyanogentic Compounds in the *Ranunculaceae.* Em T. Swain [ed.], Comparative phytochemistry, 1966, 175-186 *Pergamon Press,* Oxford, UK

176. Russell AD. "Antibiotic and biocide resistance in bacteria: introduction," *Symposium Series Society for Applied Microbiology,* 2002, **31**,1S-3S.

177. Rustaiyan AH, Komeilizadeh Monfared, Nadji Masoudi e M.Yari. Volatile constituents of *Nepeta denudata* Benth. and *N. cephalotes* Boiss from Iran, *J. Essent. Oil Res,* 2000, **11**, 459-461.

178. Saga Y, Mizukami H, Takei Y, Ozawa K, Suzuki M. Supressão da migração celular em células de cancro do ovário mediada pela sobreexpressão de PTEN. *Int J Oncol, 2003,* **23**, 1109-1113.

179. Sahelian R. Avaliação da atividade antifúngica de xantonas **naturais**. *Jornal de Produtos Naturais,* 1997, **60**, 519.

180. Said HM. The disease of liver: Greco-Arab concepts, 1984, pp. 45-48, Karachi Hamdard Foundation Press.

181. Sajjadi SE. Análise do óleo essencial de *Nepeta sintenisii* Bornm. do Irão. *DARU,2005* **13**, 61-64

182. Sakovic M, Marin PD, Brkic D e Van Griensven. Composição química e atividade antimicrobiana do óleo essencial de dez plantas aromáticas contra bactérias patogénicas humanas. *Food,* 2007, **1**, 1-7.

183. Samy RP, Gopalakrishnakone P, Sarumathi M, Houghton P e Ignacimuthu, S. "Purification of antibacterial agents from Tragia involucrata-a popular tribal medicine for wound healing," *Journal of Ethnopharmacology,* 2006, **107**, 99-106.

184. Sanjay J, Satyaendra S, Satish Sumbhate. Tendências recentes em *Curcuma Longa Linn. Phcog Mag,* 2007, **1**, 119-128

185. Schito GC. The Importance of the Development of Antibiotic Resistance in *Staphyloccus Aureus (*A Importância do Desenvolvimento da Resistência aos Antibióticos em *Staphyloccus Aureus). Clin Microbial Infection,* 2006, **12**, 3-8

186. Seegal BC, Holden M. Antibiotic Activity of Extracts of *Ranunculaceae (*Atividade antibiótica de extractos de *Ranunculaceae). Ciência,* 1945, **101**, 413-414

187. Seifert K, Unger W. Compostos insecticidas e fungicidas de Isatis tinctoria. Zeitschrift fu" r Naturforschung, C: Bioscience, 1994, **49**, 44-48.

188. Shah NC. As espécies económicas e medicinais de *Artemisia* na Índia. *The Scitech. J.* 2014, **1**, 29

189. Shahidi F, Alasalvar C, Liyana-Pathirana, CM. Antioxidant phytochemicals in Hazelnut kernel *(Corylus avellanaL.)* and Hazelnut byproducts. *J Agricultur Food Chem,* 2007, **55** 1212-1220.

190. Sholley MM, Gimbrone MA, Cotran RS. Cellular migration and replication in endothelial regeneration: a study using irradiated endothelial cultures. *Lab Invest,* 1977, **36**, 18-25.

191. Sikarwar RLS. "Ethnogynaecological uses of plants new to India", *Ethnobotany,* 2002, **12**, 112-115.

192. Singh B, Sinha BK, Phukan SJ, Borthakur SK & Singh VN. Plantas comestíveis selvagens usadas pelas tribos Garo da reserva da biosfera de Nokrek em Meghalaya, Índia. *Indian Journal of Traditional Knowledge,* 2012, 11, 166-171.

193. Siva R. "Status of natural dyes and dye-yielding plants in India," *Current Science,* 2007, **92**, 916-925.

194. Smith WB. Espectroscopia de carbono 13NMR de esteróides em : Webb G.A. (Ed.) Annual reports on NMR spectroscopy. *Academic Press em Londres,* 1978, **8**, 199-226.

195. Snodderly DM. Dietary modification of human macular pigment density (Modificação dietética da densidade do pigmento macular humano). *American Journal of Clinical Nutrition,* 1995, **62**, 1448.

196. Sokmen M, Serkedjieva J, Daferera D, Gulluce M, Polissiou M, Tepe B, Akpulat e Sokmen A. Actividades antioxidantes, antimicrobianas e antivirais *in vitro* do óleo essencial e de vários extractos de partes de plantas e culturas de calos de *Origanum acutidens*. *Journal of Agriculture and Food Chemistry*, 2004, **52**, 3309-3312.

197. Song JH, Thamlikitkul V e Hsueh PR. "Clinical and economic burden of community-acquired pneumonia amongst adults in the Asia-Pacific region," International Journal of Antimicrobial Agents, 2011, **38**, 108-117.

198. Stein AC, Alvarez S, Avancini C, Zacchino S, Poser GV. Atividade antifúngica de algumas cumarinas obtidas de espécies de Pterocaulon (Asteraceae). J Ethnopharmacol, 2006, 107, 95-98.

199. Suleimenov EM, Ozek Demirci, Demirci, Baser KH e Adekenov SM. Composição dos componentes dos óleos essenciais de *Artemisia lercheana* e A. *Sieversiana* da flora do Cazaquistão. *Química dos compostos naturais, 2009,* **45**,1.

200. Sultana N, Khan RM, Choudhary MI. Triterpeno e cumarinas de Skimmia laureola. *Natural Product Letters,* 2002,**16**, 305.

201. Thibault FM, Hernandez E, Vidal DR, Girardet M e Cavallo JD. Suscetibilidade antibiótica de 65 isolados de Burkholderia pseudomallei e Burkholderia mallei a 35 agentes antimicrobianos. *Journal of Antimicrobial Chemotherapy,* 2004, **54**, 1134-1138.

202. Tucker AO e Tucker SS. Catnip and catnip response. *Econ. Bot*, 2009, **42,** 214

203. Taylor RJ e Campbell D. Biochemical Systematics and Phylogenetic Interpretations in the Genus Aquilegia. *Evolution,1969,* **23**, 153-162

204. Tada Y, Shikishima Y, Takaishi Y, Shibata H, Higuti T. Coumarinas e derivados de gama-pirona de Prangos pabularia atividade antibacteriana e inibição da libertação de citocinas. *Phytochemistry* 2002, **59**, 649-654

205. Taw aha K, Al Muhtaseb S, Al Khalil S. Coumarins from the aerial parts of Prangos ferulacea. *Alex J Pharm Sci,* 2001, **15**, 89-91

206. Torres R, Faini F, Modak B, Urbina F, Labbe C. Antioxidant activity of coumarins and flavonols from the resinous exudate of *Haplopappus multifolius.* Phytochemistry 2006, 67, 984-987

207. Tayebjee MH, Lip GYH, MacFadyen RJ. *Química Medicinal Atual,* **2005,** *72*, 917.

208. Thappa RK, SG Agarwal, TN Srivastava e BK Kapahi. Essential oils of four Himalayan *Nepeta* species, *J. Essent. Oil Res.* 2001, **13**, 189-191.

209. Ultee A, Bennik MHJ Moezelaar R. O grupo hidroxilo fenólico do carvacrol é essencial para a ação contra o agente patogénico de origem alimentar Bacillus cereus. *Applied Environmental Microbiology,* 2002, **68**, 1561-1568.

210. Viqar UA, Hidayat H, Javaid H e Farman U. Constituintes químicos de *Arisaema flavum. Proc. Pak. Ciência Académica* , 2003, **40**, 85-90

211. Vorachit M, Chongtrakool P, Arkomsean S e Boonsong S. Antimicrobial resistance in Burkholderia pseudomallei," *Ata Tropica,* 2000, **74**, 139-144.

212. Walsh C e Fanning S. Antimicrobial resistance in food-borne pathogens-a cause for concern. *Current Drug Targets,* 2008, **9**, 808-815.

213. Wagner H e Wolf P. New Natural Products and Plant Drugs with Pharmacological, Biological and Therapeutical Activity, Springer Verlag, New York 1977

214. Wealth of India, Raw materials Vol.VIII, 1966, P12-13; Direção de Publicação e Informação, CSIR, Nova Deli.

215. Wang CF, Yang K, Zhang HM, Cao J, Fang R, Liu ZL, Du SS, Wang YY, Deng ZW, Zhou L. Componentes e atividade inseticida contra os gorgulhos do milho dos frutos e folhas

de *Zanthoxylum schinifolium*. *Molecules,* 2011, **16**, 3077-3088.

216. White, N.J.. "Melioidose", *The Lancet,* 2003, **361**,1715-1722.

217. Wall ME, Taylor H, Perera P, Wani MC. Indoles em membros comestíveis das Cruciferae. *Journal of Natural Products* 1988, **51**, 129-135.

218. Organização Mundial de Saúde (OMS). Estratégia para a Medicina Tradicional 2002-2005, Geral: Organização Mundial de Saúde, 2002, Genebra, Suíça.

219. Wright GD. Resisting Resistance; New Chemical Strageties for Battling Superbugs. *Chem Biol,* 2000, **7**, 127-32

220. Wright GD. Bacterial Resistance to Antibiotics, Enzymatic Degradation and Modification [Resistência bacteriana a antibióticos, degradação enzimática e modificação]. *Adv drug deliver rev*, 2005, **57**, 1451-70

221. Xu HH, Zhang NJ, Casida JE. Insecticidas em plantas medicinais chinesas: Estudo que conduz à jacaranona, um neurotóxico e quinol reativo à glutationa. *J. Agric. Food Chem.* 2003, **51**, 2544-2547.

222. Yang S. "Melioidosis research in China," *Ata Tropica,* 2000, **77**, 157165.

223. Yang NJ, Liu WW, Huo X, Gao YQ, Liu JH. Determinação dos constituintes químicos do óleo volátil de *Arisaema erubescens* (Wall.) Schott. *Biotecnologia* 2007, **17**, 52-54.

224. Yao Suab, Jin-Jin Xua, Jun-Long Bic, Yue-Hu Wanga, Guang-Wan Hua, Jun Yanga, Ge-Fen Yinc e Chun-Lin Long. Constituintes químicos dos tubérculos de *Arisaema franchetianum*. *Jornal de Pesquisa de Produtos Naturais Asiáticos*, 2013, **15**,71-77

225. Zhang Y, Ke WS, Yang JL, Ma AN, Yu ZS. As actividades tóxicas de *Arisaema erubescens* e *Nerium indicum* misturadas com estreptomicetos contra caracóis. *Environ. Toxicol. Pharmacol.* 2009, **27**, 283-286.

226. Zenasni L, Bouidida H, Hancali A, Boudhane A, Amzal AI, Idrissi RE, Aouad Bakri e A Benjouad. Os óleos essenciais e a atividade antimicrobiana de quatro espécies de *Nepeta* de Marrocos. *J. Med. Plant. Res,* 2008, **2**, 111-114.

227. Zargari A. Medicinal Plants, *Publicações da Universidade de Teerão,* Teerão, 1990, pp. 106-111.

228. Zhao FW, Luo M, Wang YH, Li ML, Tang GH e Long CL. Um alcaloide de piperidina

e limonóides de Arisaema decipiens, uma erva tradicional antitumoral utilizada pelo povo Dong. *Arch. Pharm. Res,* 2010, **33**, 1735.

229. Assis, L.M., Bevilqua, C.M.L., Morais, S.M., Vieira, L.S., Costa, C.T.C. e Souza, J.A.L. (2003). Atividade ovicida e larvicida *in vitro* de extratos de *Spigelia anthelmia* Linn. sobre *Haemonchus contortus. Veterinary Parasitology,* **117**, 43-49.

230. Atalay, S., Münevver, S., Dimitra, D., Moschos, P., Ferda, C., Mehmet, Ü., e Atkin, A. H. (2004). As Actividades Antioxidantes e Antimicrobianas *in vitro* do Óleo Essencial e Extractos de Metanol de *Achillea biebersteini* Afan. (Asteraceae). *Phytotherapy Research,* **18**, 451456.

231. Atta-Ur-Rahman. Nighat, S., Sarwat, J. e Iqbal, C.M. (1998). Estudos fitoquímicos sobre *Skimmia laureola. Natural Product Research,* **12** (3): 223 - 229.

232. Atta-Ur-Rahman. Nighat, S., Iqbal, C.M., Shah, M.P. e Khan, M.R. (1998). Isolamento e estudos estruturais sobre os constituintes químicos de *Skimmia laureola. J. Natural Products,* **61**(6), 713-717.

233. Atta-Ur-Rahman, Nighat, S., Khan, M.R. e Iqbal, C.M. (2002). Triterpeno e cumarinas de *Skimmia laureola. Natural Product Research, **16*** (5), 305-313.

234. Badi, H. N., Yazdani, D., ALI S. M., e Nazari. F. (2004). Effects of spacing and harvesting time on herbage yield and quality/quantity of oil in thyme, *Thymus vulgaris* L. *Industrial Crops and Products,* **19**, 231-236.

235. Bagci E. e Digrak M. (1996a). Atividade antimicrobiana de óleos essenciais de árvores. *Turk. J. Biol,* **20**, 191-198.

236. Bagamboula, C.F., Uyttendaele, M., Debevere, J. (2004). Efeitos inibitórios dos óleos essenciais de tomilho e manjericão, carvacrol, tomilho, estragol, linalol e p-cimeno em relação a *Shigella zonnei* e *S. flexneri. Food Microbiol,* **21**, 33-42.

237. Bagci E. e Digrak M. (1996b). Atividade antimicrobiana de óleos essenciais de algumas espécies de *Abies* da Turquia. *Flavour Fragr. J,* **11**, 251-256.

238. Baker, G. R., Lowe, R. F. e Southwell. I. A. (2000). Comparação do óleo recuperado da árvore do chá por extração com etanol e destilação a vapor. *Journal of Agricultural Food Chemistry,* **48**, 4041-4043.

239. Bakkali, F., Averbeck, S., Averbeck, D., e Idaomar. M. (2008). Biological effects of essential oils-A review. *Food and Chemical Toxicology*, **46**, 446-475.

240. Bakkali, F., Averbeck, S., Averbeck, D., Zhiri, A., e Idaomar. (2005). Citotoxicidade e indução de genes por alguns óleos essenciais na levedura *Saccharomyces cerevisiae. Mutat. Res.* **585**, 1-13.

241. Balijepalli, M.K., Tandra, S., Rao, P.M. (2010). Atividade antiproliferativa e indução de apoptose em linhas celulares de carcinoma da mama humano positivas e negativas para o recetor de estrogénio por raízes *de Gmelina asiatica. Pharmacognosy Research,* **2**,113-119.

242. Barra, A., Pisano, B., Cabizza, M., Pirisi, F.M., Palmas, F. (2003). Composição e propriedades antimicrobianas dos óleos essenciais de *Juniperus* da Sardenha contra agentes patogénicos de origem alimentar e microrganismos de deterioração. *Jornal de Proteção Alimentar,* **66**, 1288-1291.

243. Betts, T.J. (2001). Chemical characterisation of the different types of volatile oil constituents by various solute retention ratios with the use of conventional and novel commercial gas chromatographic stationary phases. *Journal of Chromatography A,* **936**, 33-46.

244. Bendini, A., T. Gallina-Toschi e G. Lercker. (2002). Antioxidant activity of oregano *(Origanum vulgare* L.) leaves. *Jornal Italiano de Ciência Alimentar,* **14**, 17-23.

245. Beriajaya, Murdiati, T.B. & Herawaty, M. (1998). Efeito anti-helmíntico da infusão e do extrato de Zingiber purpureum em vermes adultos de *Haemonchus contortus in vitro. Journal Ilmu Ternak Dam Veteriner,* **3**, 277-282.

246. Bezic, N., Skobibunic, M., Dunkic, V. e Radonc. A. (2003). Composição e atividade antimicrobiana do óleo essencial *de Achillea clavennae* L. *Phytotherapy Res,* **17**, 1037-1040.

247. Boelens, M. H. & Jimenez, R. (1992). A composição química dos óleos de murta espanhola. Parte II. *Journal of Essential Oil Research,* **4**, 349-353.

248. Bonjar, G. H. (2004). Antibacterial screening of plants used in Iranian folkloric medicine," *Fitoterapia,* vol. 75, no. 2, pp. 231-235. Bonnardeaux, J. (1992). The effect of different harvesting methods on the yield and quality of basil oil in the Ord River irrigation area. *Journal of Essential Oil Research,* **4**, 65-69.

249. Bozin, B., Mimica-Dukic, N., Simin, N., e Anackov. G. (2006). Caracterização da

composição volátil dos óleos essenciais de algumas espécies de lamiaceae e das actividades antimicrobianas e antioxidantes dos óleos inteiros. *Journal of Agriculture and Food Chemistry,* **54**, 1822-1828.

250. Bousbia, N., Vian, M. A., Ferhat, M. A., Petitcolas, E., Meklati, B. Y. e Chemat, F. (2009). Comparação de dois métodos de isolamento de óleo essencial de folhas de alecrim: Hidrodestilação e hidrodifusão por micro-ondas e gravidade. *Química Alimentar,* **32**, 355-362.

251. Bradesi, P., Tomi, F., Casanova, J., Costa, J., e Bernardini, A. F. (1997). Composição química do óleo essencial de folhas de murta da Córsega (França). *Journal of Essential Oil Research,* **9**, 283-288.

252. Braca, A., Sortino, C., Politi, M., Morelli, I., Mendez, J. (2002). Atividade antioxidante dos flavonóides da *Licania licaniaeflora. Journal of Ethnopharmacology,* **79**,379- 381.

253. Bruni, R., Medici, A., Andreotti, E., Fantin, C., Muzzoli, M., Dehesa. M. (2003). Composição química e actividades biológicas do óleo essencial de Isphingo, uma especiaria tradicional *equatoriana* de *Ocotea quixos* (Lam.) Kosterm. (Lauraceae) de cálices florais. *Química Alimentar,* **85**, 415-421.

254. Budhiraja, S. S., Cullum, M. E., Sioutis, S. S., Evangelista, L., Habanova. S. T. (1999). Atividade biológica do componente do óleo de *Melaleuca alternifolia* (Tea Tree), terpinen-4-ol, na linha celular mielocítica humana HL-60. *Journal of Manipulative and Physiological Therapeutics,* **22**, 447-453.

255. Buhner, S. H. (1998). Cervejas sagradas e ervas medicinais. Boulder, CO: Brewer Publications.

256. Burda, S., Oleszek. (2001). Actividades antioxidantes e antirradicais dos flavonóides. *Jornal Agricultura e Química Alimentar,* **49**, 2774.

257. Burbott, A. J. e W. D. Loomis. (1957). Efeitos da luz e da temperatura sobre os monoterpenos da hortelã-pimenta. *Plant Physiology*, **42**, 20-28.

258. Burt, S. (2004). Óleos essenciais: suas propriedades antimicrobianas e potencial aplicação em alimentos - uma revisão. *Jornal Internacional de Microbiologia Alimentar*, **94**, 223-253.

259. Burt, S. A. e R. D. Reinders. (2003). Atividade antibacteriana de óleos essenciais de

plantas selecionadas contra *Escherichia coli* O157:H7. *Cartas em Microbiologia Aplicada,* **36** (3), 162- 167.

260. Burbott, A. J. e W. D. Loomis. (1957). Efeitos da luz e da temperatura sobre os monoterpenos da *hortelã-pimenta. Plant Physiology*, **42**, 20-28.

261. Busatta, C., Vidal, R. S., Popiolski, A. S., Mossi, A. J., Dariva, C., Rodrigues, M. R. A., Corazza, F. C., Corazza, M. L., Vladimir Oliveir, J. e Cansian. R. L. (2008). Aplicação do óleo essencial *de Origanum majorana* L. como agente antimicrobiano em embutidos. *Food Microbiology*, **25**, 207-211.

262. Camurca-Vasconcelos, A.L.F., Bevilaqua, C.M.L., Morais, S.M., Maciel, M.V., Costa, C.T.C., Macedo, I.T.F., Oliveira, L.M.B., Braga, R.R., Silva, R.A., Vieira, L.S. (2007). Atividade anti-helmíntica dos óleos essenciais de *Croton zehntneri* e *Lippia sidoides. Vet. Parasitol,* **148**, 288-294.

263. Canillac, N. e Mourey, A, (2001). Atividade antibacteriana do óleo essencial de *Picea excelsa* em *Listeria, Staphylococcus aureus* e *bactérias coliformes. Microbiologia Alimentar,* **18**, 261-268.

264. Canillac, N. e Monrey, A. (1996). Sensibilidade de *Listeria* aos óleos essenciais de abeto e pinho marítimo. *Sci. Aliments,* **14**, 403-411.

265. Carson, C. F., Mee B. J. e Riley, T. V. (2002). Mecanismo de ação do óleo de *Melaleuca alternifolia* (árvore do chá) sobre *Staphylococcus aureus* determinado por ensaios de tempo de morte, lise, fuga e tolerância ao sal e microscopia eletrónica. *Antimicrobial Agents Chemotherapy,* **46**, 1914-1920.

266. Carson, C. F., Hammer K. A. e Riley, T. V. (1995). Método de microdiluição em caldo para determinar a suscetibilidade de *Escherichia coli* e *Staphylococcus aureus* ao óleo essencial de *Melaleuca alternifolia* (óleo da árvore do chá). *Microbios,* **82**, 181- 185.

267. Carson, C.F., Riley, T.V. (1995). Atividade antimicrobiana dos principais componentes do óleo essencial de *Melaleuca alternifolia. Jornal de Microbiologia Aplicada* **78**, 264-269.

268. Carson, C. F. e T. V. Riley. (2003). Non-antibiotic therapies for infectious diseases (Terapias não antibióticas para doenças infecciosas). *Communicable Disease Intelligence,* **27**, 143-146.

269. Catalan, C. A. N. e DE Lampasona, M. E. P. (2002). A química do género Lippia

(Verbenaceae). In: Kintzios, S.E. (ed.) Oregano: Os géneros *Origanum e Lippia.* 1.ª ed. Londres: Taylor & Francis.

270. Cavaleiro, C., Salgueiro, L. R., Miguel M. G., e Proença da Cunha. A. (2004). Análise por cromatografia gasosa-espetrometria de massa dos componentes voláteis de *Teucrium lusitanicum* e *Teucrium algarbiensis*. *Journal of Chromatography,* **1033**, 187-190.

271. Celiktas, O. Y., Kocabas, E. E. H., Bedir, E., Sukan, F. V., Ozek, T. e K. H. C. Baser. (2006). Antimicrobial activities of methanol extracts and essential oils of *Rosmarinus officinalis*, depending on location and seasonal variations. *Química Alimentar*, **100**, 553-559

272. Cervato, G., Carabelli, M. Gervasio, S., Cittera, A., Cazzola R. e Cestaro, B. (2000). Antioxidant properties of oregano (*Origanum vulgare*) leaf extracts. *Journal of Food Biochemistry*, **24**, 453-465.

273. Chalchat J. C., Garry R. P. e Gorunovic M. S. (1994). Chemotaxonomy of Pines native to the Balkans: Composição do óleo essencial de *Pinus heldreichii Christ. Pharmazie,* **49**, *852-854.*

274. Chalchat, J. C., Garry, R. F., e Michet, A. (1998). Óleos essenciais de Myrtle *(Myrtus communis* L.) do litoral mediterrânico. *Journal of Essential Oil Research,* **10**, 613-617.

275. Chalchat, J. C., Garry R. P. e Muhayimana, A. (1995). Óleo essencial de *Tagetes minuta* do Ruanda e de França: composição química de acordo com o local de colheita, a fase de crescimento e a parte da planta extraída. *Journal of Essential Oil Research,* **7**, 375-386.

276. Chalchat J. C. e Gorunovic M. S. (1995). Quimiotaxonomia de pinheiros nativos dos Balcãs (IV): Variações na composição dos óleos essenciais de *Pinus omorika* Paneie de acordo com a parte da planta e a idade dos espécimes. *Pharmazie,* **50**, 640-641.

277. Chalchat, J. C. e M. M. Ozcan. (2008). Composição comparativa do óleo essencial de flores, folhas e caules de manjericão *(Ocimum basilicum* L.) utilizado como erva. *Food Chemistry,* **110**, 501-503.

278. Horhammer, L., Wagner, H., Hitzler, G., Farkas, L., Wolfner, A. e Nogradi, M. 1969. *Chem. Ber.,* **102**(3): 792-798.

279. Hu, M., Liu, Y. e Xiao, P. 1990. *Zhiwu Xuebao,* **32**(10): 777-82.

280. Huang, F., Tang, L.H., Yu, L.Q., Ni, Y.C., Wang, Q.M. e Nan, F.J. 2006. *Biomed*

Environ Sci., **19**(5): 367-370.

281. Huang, H. C., Lee, C. R., Yeng, Y. I., Lee, M. C. e Lee, Y. T., 1992. Efeito vasodilatador da escoparona (6, 7-dimetoxicumarina). *Eur. J. Pharmacol,* **218**: 123-128.

282. Iwata, N., Wang,N., Yao, X. e Kitanaka, S. 2004. *J. Nat. Prod.,* **67**(7): 1106-1109. Jensen, S.R. e Nielsen, B.J. 1982. *Phytochemistry,* **21**(7): 1623-1629.

283. Jiangsa, 1977. "Chinese Materia Medica", New Medical College, Shanghai people's Pub. Casa do Povo de Xangai, Shaghai, 2506.

284. Jiangsu New Medicinal Academy. Grande Thesaurus da Medicina Tradicional Chinesa, Shanghai Demos Press House, Shanghai, 2003.

285. Jie, Liu. 2005. *Journal of Ethnopharmacology,* **100**: 92-94.

286. Joshi, Y.C., Dobhal, M.P, Joshi, B.C. e Barar, F.S. 1981. *Pharmazie,* **36**(5): 381.

287. Jung, S.J., Kim, D.H., Hong, Y.H., Lee, J.H., Song, H.N., Rho, Y.D. e Baek, N.I. 2007. *Arch Pharm. Res.,* **30**(2): 146-150.

288. Kaiya, T. e Sakakibara. 1985. *Chem. Pharm. Bull.,* **33**: 4637-4639.

289. Kang, S.Y. e Kim, Y.C. 2007. *Arch Pharm Res.*, **30**(11): 1368-1373.

290. Kashiwada, Y.K., Kimihisa, Y., Yasumasa, I., Takashi, Y., Toshihiro, F., Kunihide, M., Koichi, M., Mark, C., Keith, F. e Susan, L. 2001. *Tetrahedron,* **57**: 1559-1563.

291. Khan, R., Shawl, A.S., Tantray, M. e Alam, M.S. 2008. *Fitoterapia,* **79**: 232. King, B.L. 1977. *Syst. Bot.,* **2**(1): 14-27.

292. Kinoshita, K., Akiba, M., Saitoh, M., Ye, Y., Koyama, K., Takahashi, K., Kondo, N. e Yuasa, H. 1998. *Pharmaceutical Biology,* **36**(1): 50-55(6)

293. Kirst, H.A., Michel, K.H., Mynderase, J.S., Chio, E.H., Yao, R.C., Nakasukasa, W.M., Boeck, L.D., Occlowitz, J.L., Paschal, J.W., Deeter J.B., e Thompson, G.D. 1992. In *Synthesis and Chemistry of Agrochemicals III,* Baker, D.R., Fenyes, J.G., and Steffens, J.J., Eds., ACS Symposium Series No. 504, Amercian Chemical Society, Washington, D.C., 214-225.

294. Klingeman, W.E., van lersel M.W., Buntin, G.D. e Braman, S.K. 2000. *Crop Protection,* **19**(6): 407-415.

295. Klocke, J. A., Hu, M. Y., Chiu, S. F. e Kubo, I. 1991. *Phytochemistry,* **30**: 1797-1800.

296. Kontogiorgis, C.A., Savvoglou, K. e Hadjipavlou-Litina, D.J. 2006. *J Enzyme Inhib Med Chem,* **21**(1):21-29.

297. Kontogiorgis, C.A., Savvoglou. K. e Hadjipavlou-Litina, D.J. 2006. *J Enzyme Inhib Med Chem,* **21**(1): 21-29.

298. Kostova, I. 2005. *Curr. Med. Chem. Anticancer Agents,* **5**: 29-46.

299. Kostova, I., Raleva, S., Genova, P. e Argirova, R. 2006. *Bioinorg Chem Appl,* **2006**: 68274.

300. Krishna, V., Chang, C.I. e Chou, C.H. 2006. *Mag. Reson. Chem.,* **44**(8): 817-819. Kulkarni, M.V., Kulkarni, G.M., Lin, C.H. e Sun, C.M. 2006. *Curr. Med Chem.,* **13**(23): 2795-818.

301. Kurokawa, M., Nagasaka, K., Hirabayashi, T., Uyama, S., Sato, H., Kageyama, T., Kadota, S., Ohyama, H., Hozumi, T., Namba, T. e Shiraki K. 1995. *Antiviral Res.,* **27**:19-37.

302. Laszczyk, M.N. 2009. *Planta Med.,* **75**(15):1549-60.

303. Launert, E. 1981. Edible and Medicinal Plants. Hamlyn, ISBN- 0-600-37216-2. Leach, D.G. 1986. *Himal. Plant J.,* **4**: 69-72.

304. Lee, J.H., Jeon, W.J., Yoo, E.S., Kim, C.M. e Kwon, Y.S. 2005. *Ciências de Produtos Naturais,* **11**(2), 97-102.

305. Li, G.Q. e Jia, Z.J. 2003. *Chinese Chem. Lett,* **14**(1): 62-65.

306. Li, H.X., Dong, X.N., Ding, M.Y. e Wang, W.Q. 2000. *Clin. J. Pharm. Anal.,* **20**: 78.

307. Li, X., Jin, H., Chen, G., Yan, S., Shen, Y., Yang, M. e Zhang, W. 2008. *Tianran Chanwu Yanjiu Yu Kaifa,* **20**(6): 1125-1128.

308. Li, X., Jin, H., Chen, G., Yang, M., Zhu, Y., Shen, Y., Yan, S. e Zhang, W. 2009. *Tianran Chanwu Yanjiu Yu Kaifa,* **21**(4): 612-615.

309. Li, X., Jin, H., Yang, M., Chen, G., Shen, Y. e Zhang, W. 2010. *Química de Compostos Naturais,* **46**(1): 106-108.

310. Liu, B. 2007. *Caoye Kexue,* **24**(12): 61-63.

311. Liu, H. e Chen, X. 2008. *Huanan Nongye Daxue Xuebao,* **29**(4): 117-118.

312. Liu, X. e Chen, H. 1994. *Lanzhou Daxue Xuebao, Ziran Kexueban,* **30**(1): 60-63.

313. Liu, X., Gao, J. e Zhao, L. 2009. *Zhongcaoyao,* **40**(11): 17231725.

314. Luo, G., Ren, R., Li, H., Li, H. e Li, R. 2009. *Tianran Chanwu Yanjiu Yu Kaifa,* **21**(1): 6-9.

315. Madhavan, G. R., Balraju, V., Mallesham, B., Chakrabarti, R. e Lohray, V. B., (2003). *Bioorg. Med. Chem. Lett.,* **13**: 2547.

316. Maes, D., Van Syngel, K. e De Kimpe, N. 2008. *ChemInform,* **39**(23).

317. Manjeet, R.K. e Ghosh, B. 1999. *Int. J. Immunopharm,* **21**: 435.

318. Marina, D.G., Antonio, F., Pietro, M., Lucio, P. e Armando, Z. 1996 . *Nat. Prod. Lett,* **8**: 83.

319. Masataka, S. e Masao, K. 1992. *Chem. Pharm. Bull,* **4**: 325.

320. Matern,U., Luer, P. e Kreusch, D. 1999. Biosynthesis of coumarins", In "Comprehensive Natural Products Chemistry", Elsevier Science Ltd., Oxford, UK. 1, p.623.

321. Mino, J., Acevedo, C., Moscatelli, V., Ferraro, G. e Hnatyszyn, O. 2002. *J. Ethnopharmacol,* **79**: 179.

322. Mo-long, S. e Tian-miao, W. 2011. *Journal of Forestry Research,* **22**(1): 133-135.

323. Morikawa, K., Nonaka, M., Narahara, M., Torii, I., Kawaguchi, K., Yoshikawa, T., Kumazawa, Y. e Morikawa, S. 2003. *Life Sci.,* **26**: 709.

324. Mueller, R.L. 2004. *Best Pract Res Clin Haematol.* **17**(1): 23-53.

325. Murray, R.H., Mendez, J. e Brown, S.A. 1982. *The Natural Coumarins; occurance, chemistry and biochemistry,* johns Wiley and Sons Ltd. Chichester.

326. Neuss, N. e Neuss, M.N. 1990. Em *The Alkaloids,* Brossi, A. e Suffness, M., Eds., Academic Press, New York, Vol. **37**: 229-239.

327. Newman, D.J., Cragg, G.M. e Snader, K.M. 2003. *J. Nat. Prod.,* **66**: 1022-1037.

328. Nishida, R., Fukami, H., Iriye, R. e Kumazawa, Z. 1990. *Agric. Biol. Chem,* **54**: 2347-2352.

329. Okuyama, T., Nishino, M. H., Nishino, A., Takayasu, J. e Iwashima, A. 1990. *Chem. Pharm. Bull,* **38**: 1084.

330. Olennikov, D.N., Dudareva, L.V., Osipenko, S.N. e Penzina, T.A. 2009. *Química de*

Compostos Naturais, **45**(3): 450-452.

331. Ostrov, D.A., Hernández Prada, J.A., Corsino, P.E., Finton, K.A., Le, N. e Rowe, T.C. 2007. *Antimicrob Agents Chemother,* **51**(10): 3688-3698.

332. Pari, L. e Rajarajeswari, N. 2009. *Interações Químico-Biológicas.*

333. Piller, N.B. 1997. Em 'Coumarins-Biology, Application and Mode of Action', ed. John wiley and Sons Ltd. John Wiley and Sons Ltd., West Sussex, Inglaterra, 185.

334. Prince, M., Li, Y., Childers, A., Itoh, K., Yamamoto, M. e Kleiner, H.E. 2009. *Toxicology Letters,* **185**: 180-186.

335. Pu, Z. e Liang, J. 1999. *Yingyong Yu Huanjing Shengwu Xuebao,* **5**(4): 371-373.

336. Reisch, J. e Achenbach, S.H. 1992. *Phytochemistry,* **31**: 4376-4377.

337. Rogachev, A.D., Fomenko, V.V., Sal'nikova, O.I., Pokrovskii, L.M. e Salakhutdinov, N. F. 2006. *Chemistry of Natural Compounds,* **42**(4): 426430.

338. Ryu, S.Y., Lee, C.K., Lee, C.O., Kim, H.S. e Zee O.P. 1992. *Arch Pharm. Res,* **15**(3): 242-245.

339. Samuelsson, G. 1999. Drogas de origem natural: A Textbook of Pharmacognosy. 4ª edição revista. Swedish Pharmaceutical Press, Estocolmo, Suécia.

340. Sassa, T., Aok, H., Namiki, M. e Munakala, K. 1968. *Agric. Bio. Chem.,* **32**: 1432. Sato, S. Drogas e venenos em seres humanos. 2005. **II**: 599-608,

341. Schmidt, M.L., Kuzmanoff, K.L., Ling-Indeck, L. e Pezzuto, J.M. 1997. *Eur. J. Cancer,* **33**:2007-2010.

342. Schuhly, W., Heilmann, J., Calis, I. e Sticher O. 1999. *Planta Med.* **65**(8): 740-3.

343. Schuhly, W., Heilmann, J., Calis, I. e Sticher, O. 1999. *Planta Med.,* **65**(8): 740-743.

344. Shakeel-u-Rehman, Khan, R., Bhat, K.A., Raja, A.F., Shawl, A.S. e Alam, M.S. 2010. *Braz. J. of Pharmacogn.,* **20**(6): 886-890.

345. Singh, K.K., Kumar, S., Rai, L.K. e Krishna, A.P. 2003. Ciência Atual;85:602-606.

346. Smyth, T., Ramachandran, V.N. e Smyth, W.F. 2009. *Jornal Internacional de Agentes Antimicrobianos,* **33**: 421-426.

347. Song, H., Pan, Y., Wang, W., Fu, L., Li, H., Li, H. e Li, R. 2009. *Zhongyaocai,* **32**(12):

1840-1843.

348. Stein, A. C., Alvarez, S., Avancini, C., Zacchino, S. e Poser, G. V. 2006. *Journal of Ethnopharmacology,* **107**: 95-98.

349. Strecker, A., (1868). In *Regnault- Strecker,s Kurzes Lehrbuch der organischen Chemie,* F. Viewig und Sohn, Brunswick, **5**: 743.

350. Su, C.R., Yeh, S.F., Liu, C.M., Damu, A.G., Kuo, T.H., Chiang, P.C., Bastow, K.F., Lee, K.H. e Wu, T.S. 2009. *Bioorganic & Medicinal Chemistry,* **17**: 6137- 6143.

351. Sutlupinar, N., Mat, A. e Satganoglu, Y. 1993. *Arch. Toxicol,* **67**: 148.

352. Swaroop, A., Gupta, A.P. e Sinha, A.K. 2005. *Chromatographia,* **62**: 649-652.

353. Takahashi, H., Hirata, S., Minami, H. e Fukuyama. (2001). *Phytochemistry,* **56**: 875-879.

354. Tallent, W.H. 1964. *J. Org. Chem.,* **29**(4): 988-989.

355. Tantry, M.A., Khan, R., Akbar, S., Dar, A.R., Shawl, A.S. e Alam, MS. 2011. *Chinese Chemical Letters,* **22**: 575-579.

356. Tantry, M.A., Khan, R., Akbar, S., Shawl, A.S. e Siddiqui, M.K. 2010. *Cartas Químicas Chinesas,* **21**: 332-336.

357. Thapliyal, R.P. e Bahuguna, R.P. 1993. *Fitoterapia,* **64**(5): 474-475.

358. Thusoo, A., Raina, N., Minhaj, N., Ahmed, S. R., e Zaman, A. 1981. *Ind. J. Chem.,* **20B**: 937-938.

359. Tiemann, F. e Herzfeld, H. 1877. *Ber. Dtsch. Chem. Ges.* **10**: 283.

360. Torres, R., Faini, F., Modak, B., Urbina, F., Labbe, C. e Guerrero, J. 2006. *Phytochemistry,* **67**: 984-987.

361. Tsai, I.L., Lin, W.Y., Teng, C.M., Ishikawa, T., Doong, S.L., Huang, M.W., Chen, Y.C. e Chen, I.S. 2000. *Planta Med,* **66**: 618.

362. Usher, G.A. 1974. Dictionary of Plants Used by Man. Constable, ISBN- 0094579202. Wada, E. 1956. *J. Am. Chem. Soc,* **78**(18): 4725-4726.

363. Wang, W., Cao, Y., Fu, L., Li, H., Deng, X. e Li, R. 2010. *Zhongcaoyao,* **41**(1): 19-23.

364. Wood, H.B. Jr., Stromberg, V.L., Keresztesy, J.C. e Horning, E.C. 1954. *J. Am. Chem.*

Soc., **76**(22): 5689-5692.

365. Wu, N., Wu, J., Yan, R. Ping, A. e Zhou, X. 2010. *Yaowu Fenxi Zazhi,* **30**(10): 1909-1912.

366. Wu, T.S., Tsang, Z.J., Wu, P.L., Lin, F.W., Li, C.Y., Teng, C.M. e Lee, K.H. 2001. *Bioorg Med Chem.,* **9**(1): 77-83.

367. Xia, C., Du, A., Wang, H., Zhou, Z. e Wang, X. 1999. *Zhongguo Yaoke Daxue Xuebao,* **30**(4): 314-315.

368. Xiang, Y., Zhang, C. e Zheng, Y. 2004. *J. Huazhong. Univ. Sci. Technolog. Med. Sci.,* **24**(2): 202-4.

369. Xiao, P.G. 2002. Nova edição do Registo de Medicinas Tradicionais Chinesas, Chemical Industry Press, Pequim, pp. 515.

370. Yang, M.H. e Kong, L.Y. 2008. *Chem. Nat. Comp.,* **44**(1): 98.

371. Yang, S. e Tian, X. 2007. *Xibei Zhiwu Xuebao,* **27**(2): 364-370.

372. Yang, Y.Z., Ranz, A., Pam, H.Z., Zhang, Z.N., Lin, X.B. e Meshnick, S.R. 1992. *Am. J. Trop. Med. Hyg.,* **46**: 15.

3 73.

374. Charles, D. J. e J. E. Simon. (1990). Comparação de métodos de extração para a determinação rápida do teor e composição do óleo essencial. *Journal of the American Society for Horticultural Science,* **115**, 458-462.

375. Choi, Y., Jeong, H. S. e Lee, J. (2007). Antioxidant activity of methanolic extracts from some grains consumed in Korea (Atividade antioxidante de extractos metanólicos de alguns cereais consumidos na Coreia). *Food Chemistry,* **103**, 130-138.

376. Chopra, R.N., Nayar, S.L., e Chopra, I.C. (1956). *Glossário de plantas medicinais indianas.* Conselho de Investigação Científica e Industrial (CSIR). Nova Deli, pp.87.

377. Chopra, R.N., Nayyar, S.L., Chopra, I.C. (1956). Glossário de Plantas Medicinais Indianas. Conselho de Investigação Científica e Industrial, Nova Deli, 160 pp.

378. Chung, M. J., Kang, A. Y., Park, S. O., Park, K. W., Jun, H. J. e Lee. S. J. (2007). O efeito dos óleos essenciais de absinto dietético *(Artemisia princeps*), com e sem adição de vitamina E, no stress oxidativo e em alguns genes envolvidos no metabolismo do colesterol.

Food Chemistry and Toxicology, **45**, 1400-1409.

379. Consentino, S., Tuberoso, C.I.G., Pisano, B., Satta, M., Arzedi, E. e Palmas, F. (1999). Atividade antimicrobiana *in vitro* e composição química dos óleos essenciais de *Thymus* da Sardenha. *Lett. Appl. Microbiol,* **29**, 130-135.

380. Cowan, M.M. (1999). Produtos vegetais como agentes antimicrobianos. *Clin. Microbiol. Rev.,* **12**, 564-582.

381. Cox, S.D., Mann, C.M., Markham, J.L., Gustafson, J.E., Warmington, J.R., Wyllie, S.G. (2001). Determinação da ação antimicrobiana do óleo da árvore do chá. *Molecules,* **6**, 87-91.

382. Cox, S. D., Mann, C. M., Markham, J. L., Bell, H. C., Gustafson, J. E., Warmington, J. R. e Wyllie, S. G. (2000). O modo de ação antimicrobiana do óleo essencial de *Melaleuca alternifolia* (óleo da árvore do chá). *Journal of Applied Microbiology,* **88**, 170- 175.

383. Cressy, H. K., Jerrett, A. R., Osborne, C. M. e Bremer, P. J. (2003). Um novo método para a redução do número de células de *Listeria monocytogenes* por congelação em combinação com um óleo essencial em meios bacteriológicos. *Jornal de Proteção Alimentar,* **66**, 390-395.

384. Croteau, R., Kutchan, T. M. e Lewis, N. G. (2000). *Produtos naturais (metabolitos secundários).* In: Buchanan, B., Gruissem, W., Jones, R. (Eds.), Biochemistry and Molecular Biology of Plants. Sociedade Americana de Fisiologistas de Plantas. AOCS Press Champaign.

385. Damien, D.H. J., Christina, F. A., Jose, B. A.G., & Stanley, D. G. (2000). Avaliação in vitro da atividade antioxidante de óleos essenciais e seus componentes. *Flavour Fragrances J.,* **15**, 12±16.

386. Davidson, P. M. e M. E. Parish. (1989). Methods for testing the efficacy of food antimicrobials. *Food Technology,* **43**, 148-155.

387. Deans, S.G., Sbodova, K.P. (1990). As propriedades antimicrobianas do óleo volátil de manjerona (Origanum majorana L.). *Flavour and Fragrance Journal,* **5**, 187-190.

388. Deans, S. G. e G. Ritchie. (1987). Propriedades antibacterianas dos óleos essenciais de plantas. *Jornal* Internacional *de Microbiologia Alimentar*, **5**, 165-180.

389. Deans, S.G., R.C. Noble, R. Hiltunen, W. Wuryani e L.G. Penzes, (1995). Propriedades antimicrobianas e antioxidantes de *Syzygium aromaticu* (L.) Merr Perry: impacto sobre

bactérias, fungos e níveis de ácidos gordos em ratos idosos. *Flavour Fragrance J.*, **10**, 323-328.

390. Deka, P., Bhuyan, M., Chutia, M.G., e Pathak B. (2010). Efeitos do óleo essencial de *Lippa geminata* e *C. jawarancusa* no crescimento *in vitro* e na esporulação de dois agentes patogénicos do arroz. *Journal of American Oil Chemists Society*, **87**, 1333-1340.

391. De Laurentis, N., Rosato, A., Gallo, L., Leone, L., e Milillo, M. A. (2005). Composição química e atividade antimicrobiana de *Myrtus communis*. *Rivista Italiana EPPOS,* **39**, 3-8.

392. Delamare, A.P.L., Moschen-Pistorello, I.T., Artico, L., Atti-Serafini, L., Echeverrigaray, S., (2007). Atividade antibacteriana do óleo essencial de *Salvia officinalis* L. e *Salvia triloba* L. cultivadas no Sul do Brasil. *Química de Alimentos,* **100**, 603-608.

393. Delaquis, P. J., Stanich, K., Girard, B. e Mazza, G. (2002). Antimicrobial activity of individual and mixed fractions of dill, cilantro, coriander and eucalyptus essential oils. *International Journal of Food Microbiology*, **74**, 101-109.

394. Descalzo, A. M. e Sancho, A. M. (2008). Uma revisão dos antioxidantes naturais e seus efeitos sobre o estado oxidativo, odor e qualidade da carne fresca produzida na Argentina. *Meat Science,* **79**, 423-436.

395. Dhar, A.K., Thppa, R.K. e Atal, C.K. (1981). Variabilidade no rendimento e composição do óleo essencial *de cymbopogon jawarancusa. Pub med,* **41**,386388.

396. Dhar, D.N., Sharma, R.L., Bansal, G.C. (1982). Gastrointestinal nematodes in sheep in Kashmir. *Vet. Parasitol,* **11**, 271±277.

397. Diaz, A. M. & Abeger, A. (1987). *Myrtus communis:* composition quimicay actividad biologica de sus extractos. Una revisión. *Fitoterapia,* **58**, 167-174.

398. Dorman, H.J.D., Deans, S.G. (2000). Agentes antimicrobianos de plantas: atividade antibacteriana de óleos voláteis de plantas. *J. Appl. Microbiol,* **8**, 308-316.

399. Donelian, A., Carlson, L. H. C., Lopes, T. J. e Machado, R. A. F. (2009). Comparação da extração do óleo essencial de patchouli (*Pogostemon cablin*) com CO supercrítico$_2$ e por destilação a vapor. *The Journal of Supercritical Fluids*, **48**, 15-20.

400. Duch, C.Y., Wang, S.K., Weng, Y.L., Chiang, M.Y., & Dai, C.F. (1999). Terpenóides citotóxicos do coral mole formosano *Nephthea brassica. Jornal de produtos naturais,* **62**,

1518-1521.

401. Edris, A. E. (2007). Potencial farmacêutico e terapêutico dos óleos essenciais e dos seus constituintes voláteis individuais: A review. *Phytotherapy Research*, **21**, 308-323.

402. Elfellah, M. S., Akhter, M. H. e Khan, M. T. (1984). Efeito anti-hiperglicémico de um extrato de *Myrtus communis* na diabetes induzida por estreptozotocina em ratos. *Journal of Ethnopharmacology,* **11**, 275-281.

403. Elless, M. P., Blaylock, M. J., Huang, J. W. e Gussman, C. D. (2000). As plantas como fonte natural de suplementos nutricionais minerais concentrados. *Food Chemistry,* **71**, 181-188.

404. Fabian, D., Sabol, M., Domaracka, K., e Bujnakova, D. (2006). Óleos essenciais - a sua atividade antimicrobiana contra *Escherichia coli* e efeito na viabilidade das células intestinais. *Toxicologia In Vitro,* **20**, 1435-1445.

405. Fan, J., Ding, X. e Gu, W. (2007). Proantocianidinas de eliminação de radicais de sementes de espinheiro marítimo. *Food Chemistry,* **102**, 168-177.

406. Flamini, G., Cioni, P. L., Morelli, I., Maccioni, S., e Baldini, R. (2004). Tipologias fitoquímicas em algumas populações de *Myrtus communis* L. no Promontório de Caprione (Ligura Oriental, Itália). *Food Chemistry,* **85**, 599604.

407. Fouche, G., M. R. Horak, E. Wadiwala e V. J. Maharaj. (2002). Investigação do potencial comercial de *Lippia javanica.* Poster apresentado na 36th Convenção do Instituto de Química da África do Sul, 1-5 de julho, Port Elizabeth.

408. Frankel, E. N., Huang, S. W., Kanner, J. e German, J. B. (1994). Fenómenos interfaciais na avaliação de antioxidantes: óleos a granel versus emulsões. *Journal of Agriculture and Food Chemistry,* **42**, 1054-1059.

409. Fujisawa, S., Atsumi, T., Kadoma, Y. e Sakagami, H. (2002). Ação antioxidante e pró-oxidante dos compostos relacionados com o eugenol e sua citotoxicidade. *Toxicologia,* **177,** 39-54.

410. Gamble J.S. (1902). A manual of Indian Timbers (Sampson Low, Marston and Co., Ltd., Londres), reimpresso em 1922, pp 124.

411. Galambosi, B. e Peura, P. (1996). Caraterísticas agrobotânicas e teor de óleo de formas

selvagens e cultivadas de cominho. *Journal of Essential Oil Research*, **8**, 389-397.

412. Gardeli, C., Papageorgiou, V., Mallouchos, A., Theodosis, K. e Komaitis, M. (2008). Composição do óleo essencial de *Pistacia lentiscus* L. e *Myrtus communis* L.: Avaliação da capacidade antioxidante dos extractos metanólicos. *Food Chemistry,* **107**, 1120-1130.

413. Garg, S.C. (1997). Atividade anti-helmíntica de algumas plantas medicinais. *Hamdard Medicus* **40**, 18-23.

414. Gauthier, R., Gourai, M. e Bellakhdar, J. (1988). A propos de l'huile essentielle de *Myrtus communis* L. var italica récolté au Maroc. I. Rendements et compositions durant un cycle végétatif annuel. *Al Biruniya,* **4**, 97-116.

415. Graven, E. H., Webber, L., Venter, M. e Gardner, J. B. (1990). O desenvolvimento de *Artemisia afra* (Jacq.) como uma nova cultura de óleo essencial. *Journal of Essential Oil Research*, **2**, 215-220.

416. Griffin, G.S., Markham L.J., e Leach, N.D. (2000). Um método de diluição em ágar para a determinação da concentração inibitória mínima de óleos essenciais. *Journal of Essential Oil Research,* **12**,149-255.

417. Guadayol, J. M., Vaquero, T., Escalas, A., Caixach, J. e Rivera, J. (1998). *Investigação e desenvolvimento recentes em Química Agrícola e Alimentar,* **2**, 719-729.

418. Guenther, E. (1952). The essential Oils, D. Van Nostrand Company, Inc., Nova Iorque, Londres, Vol. **1**(19), 50, 65.

419. Guenther, E. (1985). Os óleos essenciais, Vol. **III**, 4000-433. Krieger Publ. Co., Malabar, FL.

420. Guenther, E. (1960). Determinação das Propriedades Físicas e Químicas. Os óleos essenciais (Vol. III). Toronto, Nova Iorque e Londres: D. Van Nostrand Comp., INC., pp. 236-262.

421. Hassan SB, Gali-Muhtasib H, Goransson H, Larsson R. 2010. Alfa terpineol: um potencial agente anticancerígeno que actua através da supressão da sinalização NF-kappaB. *Anticancer Res.* **30**(6), 1911-1919.

422. Hammond, J.A., Fielding, D., Bishop, S.C. (1997). Perspectivas para anti-helmínticos vegetais em medicina veterinária tropical. *Vet. Res. Commun,* **21**, 213-228.

423. Hernandez-Arteseros, J. A., R. Vila, S. M. Cruz, A. Caceres e S. Canigueral. (2003). Composição do óleo essencial de *Lippia chiapasensis*. In: *Actas do 5° Colóquio Europeu de Etnofarmacologia, 8-10 de maio de 2003, Valência.*

424. Holley, R. A. e D. Patel. (2005). Melhoria do tempo de vida útil e da segurança de alimentos perecíveis através de óleos essenciais de plantas e antimicrobianos de fumo. *Food Microbiology*, **22**, 273- 292.

425. Houghton, P. J. e Raman, A. (1998). *Laboratory handbook for the fractionation of natural extracts (Manual de laboratório para o fracionamento de extractos naturais).* 1.ª ed. London: Chapman and Hall.

426. Huang, D., Ou, D. e Prior, D. (2005). A química subjacente aos ensaios de antioxidantes. *Journal of Agriculture and Food Chemistry,* **53**, 18411856.

427. Hussain, A. I., Anwar, F., Sherazi, S. T. H. e Przybylski, R. (2008). Composição química. As actividades antioxidantes e antimicrobianas dos óleos essenciais de manjericão *(Ocimum basilicum)* dependem das variações sazonais. *Food Chemistry,* **108**, 986-995.

428. Inouye S., Toshio T. e Hodeyo, Y. (2001). Atividade antibacteriana de óleos essenciais e dos seus constituintes principais contra agentes patogénicos do trato respiratório por contacto gasoso. *Journal of Antimicrobial Chemotherpy,* **4**, 565-573.

429. Iqbal, Z., Lateef, M., Ashraf, M. e Jabbar, A. (2004). Atividade anti-helmíntica da *Artemisia brevifolia* em ovinos. *Journal of Ethnopharmacology,* **93**, 265-268.

430. Jafarian, A., Ghannadi, A., Monajemi, R. Oryan, S. e Haeri- Roohani, A. (2006). Avaliação da citotoxicidade dos óleos essenciais de algumas cascas de citrinos iranianos. In: Simpósio sobre Perfumes, Plantas Aromáticas e Medicinais, da produção à valorização: SIPAM 2-4 de novembro, Jerba, Tunísia.

431. Janssen A.M., Scheffer J.J.C., e Baerheim Svendsen A. (1987). Atividade antimicrobiana dos óleos essenciais: uma revisão da literatura de 1976-1986. Aspectos dos métodos de ensaio. *Planta Medica,* **53**,*395* 398.

432. Jerkovic, I., Radonic, A. e Borcic, I. (2002). Estudo comparativo dos óleos essenciais de folhas, frutos e flores de *Myrtus communis* L. da Croácia durante um ciclo vegetativo de um ano. *Journal of Essential Oil Research,* **14**, 266-270.

433. Jerkovic, I., Mastelic, J. e Milos, M. (2001). O impacto da época de recolha e secagem

nos constituintes voláteis de *Origanum vulgare* L. ssp. hirtum cultivado em estado selvagem na Croácia. *International Journal of Food Science and Technology,* **36**, 649- 654.

434. Juliani, H. R., Karoch, A. R., Juliani, H. R., Trippi, V. S. e Zygadlo, J. A. (2002). Variação intraespecífica nos óleos foliares de *Lippia junelliana* (mold.) tronc. *Biochemical Systematics and Ecology*, **30**,163-170.

435. Juliano, C., Mattana, A. e Usai, M. (2000). Composição e atividade antimicrobiana in vitro do óleo essencial de *Thymus herba-barona* Loisel que cresce em estado selvagem na Sardenha. *Journal of Essential Oil Research,* **12**, 516-522.

436. Juven, B. J., Kanner, J., Schved, F. e Weisslowicz, H. (1994). Factores que interagem com a ação antibacteriana do óleo essencial de tomilho e dos seus constituintes activos. *Journal of Applied Bacteriology,* **76**, 626- 631.

437. Juvekar , G.S., Sen, A.S., Singh Arjun, S., Suman, K. (2009) Atividade anticancerígena in-vitro de extractos padrão utilizados na ayurveda. *Revista Pharmacognosy,* **5**, 425-429.

438. Kaemmerer, K., Butenko tter, S. (1973). O problema dos resíduos na carne de animais domésticos comestíveis após a aplicação ou ingestão de ésteres de organofosforados. *Residue Rev,* **46**, 1.

439. Kalemba, D. e A. Kunicka. (2003). Propriedades antibacterianas e antifúngicas dos óleos essenciais. *Química Medicinal Atual,* **10**, 813-829.

440. Katalinic, V., Smole Mozina, S., Skroza, D., Generalic, I., Abramovic, H., Milos, M., Ljubenkov, I., Piskemik, S., Pezo, I., Terpinc, P., Boban, M. (2010). Perfil polifenólico, propriedades antioxidantes e atividade antimicrobiana de extractos de pele de uva de 14 variedades *de Vitis vinifera* cultivadas na Dalmácia (Croácia). *Food Chem,* **119**, 715-723.

441. Ketoh, G.K., Honore, K.K., Isabelle, A.G. e Huignand, J. (2006). Efeitos campais do óleo essencial de *C.schoenanthus* e da piperitona em *callosobruchus, maculatus. Fitoterapia,* **77**,506-510.

442. Kelen, M e B. Tepe. (2008). Composição química, propriedades antioxidantes e antimicrobianas dos óleos essenciais de três espécies de *Salvia* da flora turca. *Bioresource Technology,* **99**: 4096-4104.

443. Khajeh, M., Yamini, Y., Sefidkon, F. e Bahramifar, N. (2004). Comparação da composição do óleo essencial de *Carum copticum* obtido por extração supercrítica de dióxido

de carbono e métodos de hidrodestilação. *Química alimentar,* **86**, 587-591.

444. Khanavi, M., Hadjiakhoondi, A., Amin, G., Amanzadeh, Y., Rustaiyan, A. e Shafiee, A. (2004). Comparação da composição volátil dos óleos de *Stachys persica* Gmel. e *Stachys byzantina* C. Koch. Óleos obtidos por hidrodestilação e destilação a vapor. *Z. Naturforsch,* **59**, 463-467.

445. Klancnik, A., Guzej, B., Hadolin Kolar, M., Abramovic, H., Smole Mozina, S. (2009). Atividade antimicrobiana e antioxidante *in vitro* de formulações comerciais de extrato de alecrim. *J. Food Prot,* **72**, 1744-1752.

446. Knobloch K., Weigand H., Weis N., Schwarm H.M. e Vigenschow H. (1986). *Ação dos terpenóides no metabolismo energético.* In: Brunke EJ (Ed). Progress in Essential Oil Research, Walter de Gruyter, Berlim, 429-445.

447. Koedam, A. (1982). A influência de algumas condições de destilação na composição do óleo essencial. In: Margaris, N., A. Koedam. e D. Vokou. (eds.). *Aromatic plants: basic and applied aspects.* The Hague: Martinus Nijhoff Publishers.

448. Kokate, C.K., Varma, K.C. (1971). Atividade anti-helmíntica de alguns óleos essenciais. *Indian J. Hospital Pharm,* **8**, 150±151.

449. Kordali, S., Kotan, R., Mavi, A., Cakir, A., Ala, A., Yildirim, A. (2005). Determinação da composição química e da atividade antioxidante do óleo essencial de Artemisia dracunculus e das actividades antifúngicas e antibacterianas do óleo essencial turco de Artemisia absinthium, A. dracunculus, Artemisia santonicum e Artemisia spicigera. *J. Agric. Food Chem,* **53**, 9452-9458.

450. Krell, E. (1982). *Techniques and instrumentation in Analytical Chemistry, Vol. 2: Handbook of laboratory distillation.* 2nd ed. Amesterdão: Elsevier Scientific Publishing Company.

451. Kubeczka, K.H. (2002). Essential oils analysis by Gas chromatography and Carbon-13 NMR spectroscopy, 2nd edition.

452. Kulisic, T., Radonic, A., Katalinic, V. e Milos, M. (2004). Utilização de diferentes métodos para testar a atividade do óleo essencial de orégãos. *Food Chemistry,* **85**, 633-640.

453. Lambert, R.J.W., Skandamis, P.N., Coote. P. (2001). Modo de ação do óleo essencial de orégãos, timol e carvacrol. *J. Appl. Microbiol,* **91**, 453462.

454. Lewis, W.H., Elvin-Lewis, M.P.H. (1977). Medicinal Botany Plants affecting man's health. Wiley, Nova Iorque.

455. Lis-Balchin M., Deans S. G. e Eaglesham E. (1998). Relação entre bioatividade e composição química de óleos essenciais comerciais. *Flavour Fragr. J.* **13**, 98-104.

456. Liu, H., N. Qiu, H. Ding, e R. Yao. (2008). Conteúdo de polifenóis e capacidade antioxidante de 68 ervas chinesas adequadas para uso medicinal ou alimentar. *Food Research International*, **41**(4), 363-370.

457. Macedo, I.T.F., Bevilaqua, C.M.L., Oliveira, L.M.B., Camurc3 a- Vasconcelos, A.L.F., Vieira, L.S., Oliveira, F.R., Queiroz-Junior, E.M., Portela, B.G., Barros, R.S., Chagas, A.C.S. (2009). Atividade ovicida e larvicida in vitro doóleo essencial de Eucalyptus globulus sobre Haemonchus contortus. *Rev. Bras. Parasitol* Vet., **18**, 62-66.

458. Mann, C. M. e Markham, J. L. (1998). Um novo método para determinar a concentração inibitória mínima de óleos essenciais. *Journal of Applied Microbiology,* **84**, 538- 544.

459. Manosroia, J., Dhumtanoma, P. e Manosroia, A. (2006). Atividade antiproliferativa do óleo essencial extraído de plantas medicinais tailandesas nas linhas celulares KB e P388. *Cartas do cancro.* **235**, 114-120.

460. Mardarowicza, M., Wianowskaa, D., Dawdowicz, A.L., Sawickib, R. (2004). Comparação da composição de terpenos em *Engelmann Spruce* (*Picea engelmannii)* utilizando SPME de hidrodestilação e PLE. *Z. Naturforsch,* **59**, 641.

461. Margina, A. e V. Zheljazkov. (1994). Controlo da ferrugem da hortelã *(Puccinia menthae* Pers.) na hortelã com fungicidas e o seu efeito no teor de óleo essencial. *Journal of Essential Oil Research,* **6**, 607-615.

462. Marino, M., Bersani, C. e Comi, G. (2001). Medições de impedância para estudar a atividade antimicrobiana de óleos essenciais de Lamiacea e Compositae. *Jornal Internacional de Microbiologia Alimentar,* **67**, 187- 195.

463. Marotti, M., Piccaglia, R. e Giovanelli, E. (1994). Efeitos da variedade e do estádio ontogénico na composição do óleo essencial e na atividade biológica do funcho *(Foeniculum vulgare* Mill.). *Journal of Essential Oil Research,* **6**, 5762.

464. Marotti, M., Dellacecca, V., Piccaglia, R. e Giovanelli, E. (1992). Avaliação agronómica e química de três variedades de *Foeniculum vulgare* Mill. *Apresentado no Primeiro*

Congresso Mundial sobre Plantas Medicinais e Aromáticas para o Bem-Estar Humano, pp. 19-25.

465. Maastricht, Países Baixos. Masango, P. (2004). Produção mais limpa de óleo essencial por destilação a vapor. *Journal of Cleaner Production*, **13**, 833839.

466. Massimo, E., Maffei, Jurg Gertsch. e Giovanni Appendino. (2011). Voláteis de plantas: Production, fuction and pharmacology. *Nat. Prod. Rep.,* **28**, 1359.

467. Masotti, V., Juteau, F., Bessiere, J. M. e Viano, J. (2003). Variações sazonais e fenológicas do óleo essencial da espécie endémica *Artemisia molinieri* e suas actividades biológicas. *Journal of Agriculture and Food Chemistry,* **51**, 7115-7121.

468. Mathela, C.S., Melkani, A.B. e Pant, A.K. (1992). Reinvestigação do óleo essencial *de Skimmia laureola. Indian Perfumer,* **36**,217-222.

469. Mazza, G. (1983). Investigação cromatográfica e espectrométrica de massa em fase gasosa dos componentes voláteis das bagas de murta (*Myrtus communis L.*). *Journal of Chromatography,* **264**, 304-311.

470. Mazza, G. e Cottrell, T. (1999). Componentes voláteis de raízes, caules, folhas e flores de espécies de *Echinacea, JAgric. Food Chem,* **47**, 3081-3085.

471. Medina-Holguin, A.L., Holguin, F.O., Micheletto, S., Goehle, S., Simon, J.A., e Connell, M.A.O. (2008) .*Phytochemistry,* **69**, 919.

472. Mekonnen, M., Tiruneh, e Mulu, A. (2008). In vitro antibacterial activity of crude preparation of myrtle (*Myrtus communis*) on common human pathogens," *Ethiopian Medical Journal,* **46**(1), 63-69.

473. Milos, M., Radonic, A., Bezic, N. e Dunkic, V. (2001). Localidades e variações sazonais na composição química dos óleos essenciais de *Satureja montana* L. e *S. cuneifolia* Ten. *Flavour and Fragrance Journal,* **16**: 157-160.

474. Messaoud, C., Zaouali, Y., Ben Salah, A., Khoudja, M. L., e Boussaid, M. (2005). *Myrtus communis* na Tunísia: Variabilidade da composição do óleo essencial em populações naturais. *Flavour and Fragrance Journal,* **20**, 577-582.

475. Miller, H. E. (1970). Um método simplificado para avaliação de antioxidantes. *Journal of American Oil Chemists Society,* **48**, 91.

476. Mimica-Dukic, N., Bozin, B., Sokovic, M., Mihajlovic, B., Matavulj, M . (2003). Actividades antimicrobianas e antioxidantes de três óleos essenciais de espécies de *Mentha*. *Planta Medica,* **69**,413-419.

477. Moates, G. K. e J. Reynolds. (1991). Comparação de extractos de rosa produzidos por diferentes técnicas de extração. *Journal of Essential Oil Research,* **3**, 289-294.

478. Monica Rosa Loizzoi, RosaTundisi, Federica Menichni, Anoine Mikael Saab, Giancarlo Antonio Stattii e Francesco Menichini (2007). Atividade Citotóxica de Óleos Essenciais das Famílias Labiatae e Lauraceae Contra Modelos de Tumores Humanos *In Vitro*. *Anticancer Res.* **27**, 3293-3300.

479. Mulas, M., Spano, D., Biscaro, S. e Parpinello, L. (2000). Parametri di qualita dei frutti di mirto *(Myrtus communis* L.) destinati all'industria dei liquori. *Industrie delle Bevande,* **29**, 494-498.

480. NCCLS (Comité Nacional de Normas de Laboratórios Clínicos). (1997). Normas de desempenho para o teste de suscetibilidade antimicrobiana em disco. 6ª ed. Norma aprovada. M2-A6, Wayne, PA.

481. NCCLS (Comité Nacional de Normas de Laboratórios Clínicos). (1999). Normas de desempenho para testes de suscetibilidade antimicrobiana. 9º Suplemento Internacional. M100-S9, Wayne, PA.

482. NCCLS, (2000). Métodos para testes de suscetibilidade antimicrobiana por diluição para bactérias que crescem aerobicamente; norma aprovada - quinta edição. Documento M7-A5 do NCCLS. [ISBN 1-56238-394-9] NCCLS, 940 West Valley Road, Suite 1400, Wayne, PA 19087-1898. EUA.

483. Nadkarni, A.K. (1954). Indian Materia Medica. 3rd Edition. Popular Prakashan, Bombaim, Índia.

484. Naeem, I., Taskeen, A., Mobeen, H., Maimoona, A. (2010). Caracterização de flavonóis presentes na casca e agulhas de *Pinus wallichiana* e *Pinus roxburghii. Asian J. Chem.* **22**, 41-44.

485. Natella, F., Nardini, I., Di Felice, M. e Scaccini, C. (1999). Derivados dos ácidos benzoico e cinâmico como antioxidantes: relação estrutura-atividade. *Journal of Agriculture and Food Chemistry,* **47**, 1453-1459.

486. Neda Mimica-Dukic, Dusan Bugarin, Slavenko Grbovic, Dragana Mitic-Culafic, Branka Vukovic-Gacic, Dejan Orcic, Emilija Jovin e Maria Couladis. (2010). Óleo Essencial de *Myrtus communis* L. como Potencial Antioxidante e Agentes Antimutagénicos. *Molecules,* **15**, 2759-2770.

487. Nuvoli, F. & Spanu, D. (1996). Analisi e prospettive economiche dell'utilizzazionze industriale del mirto. *Rivista Italiana EPPOS,* **12**, 231-236.

488. O'Brien, J., Wilson, I., Orton, T. e Pognan, F. (2000). Investigação do corante fluorescente Alamar Blue (resazurina) para a avaliação da citotoxicidade de células de mamíferos. *European Journal of Biochemistry,* 267, 54215426.

489. Ozcan, M. (2003). Actividades antioxidantes dos extractos de alecrim, salva e sumagre e suas combinações na estabilidade do óleo de amendoim natural. *Journal of Medicinal Food,* **6**, 267-270.

490. Pala-Paul, J., Perez-Alonso, M. J., Velasco-Negueruela, A., Pala-Paul,

R ., Sanz, J. e Conejero, F. (2001). Variação sazonal dos constituintes químicos de *Santolina rosmarinifolia* L. ssp. *rosmarinifolia. Biochemical Systematics and Ecology,* **29**, 663-672.

491. Paradiso, V. M., Summo, C., Trani, A. e Caponio, F. (2008). Um esforço para melhorar o prazo de validade dos cereais de pequeno-almoço utilizando tocoferóis mistos naturais. *Jornal de Ciência dos Cereais,* **47**, 322-330.

492. Pattnaik, S., Subramanyam, V.R., Bapaji, M., Kole, C.R., (1997). Atividade antibacteriana e antifúngica de constituintes aromáticos de óleos essenciais. *Microbios,* **8**, 39-46.

493. Pessoa, L.M., Morais, S.M., Bevilaqua, C.M., Luciano, J.H.S. (2002). Atividade anti-helmíntica do óleo essencial de *Ocimun gratissimum* Linn. e do eugenol contra *Haemonchus contortus. Vet. Parasitol,* **109**, 59-63.

494. Perry, N.B., Anderson, N.J., Brennan. e Smallfield, B.M. (1999). Variação do óleo essencial da salva dalmática *(Salvia officinalis* L) entre indivíduos, partes de plantas, estações e locais. *Food Chemistry*, **47**, 2048-2054.

495. Pinder, A. R. (1960). The Chemistry of the Terpenes, Chapman and Hall Ltd., Londres, 5.

496. Pintore, G., Usai, M., Bradesi, P., Juliano, C., Boatto, G., Tomi, F., Chessa, M., Cerri, R., Casanova, J. (2002). Composição química e atividade antimicrobiana dos óleos de Rosmarinus officinalis L. da Sardenha e da Córsega. *Flavour and Fragrance Journal,* **1**, 15-19.

497. Pochers, W. A. (1974). Perfumes, cosméticos e sabonetes, Vol. 1, 8th Ed. Chapmann and Hall, Londres.

498. Poucher, W. A. (1959). Perfumes, cosméticos e sabonetes. Chapman and Hall Ltd., 37, Essex Street, W.C. 2 London, Vol. **2.** 7th Edition, p. 5.

499. Rabel, B., McGregor, R. & Douch, P.G.C. (1994). Bioensaio melhorado para estimar o efeito inibitório do muco gastrointestinal dos ovinos e dos anti-helmínticos na migração das larvas de nemátodos. *International Journal of Parasitology,* **24**, 671-676.

500. Ramona Cole, A., Anita, B., Debra, M.M., William, H.A., & William,

S .N. (2007). Composição química e atividade citotóxica do óleo essencial das folhas de *Eugenia zuchowskiae* de Monteverde, Costa Rica. *Journal of Natural Medicines,* **61**,414-417.

501. Rasooli, M., Moosavi, L., Rezaee, M. B. e Jaimand, K. (2002). Suscetibilidade dos microrganismos ao óleo essencial *de Myrtus Communis* L. e à sua composição química. *J. Agric. Sci. Technol,* **4**, 127-133.

502. Razdan,T.K., Harkar, S., Qadri, B., Qurishi, M.A. e Khuroo, M.A. (1988). Derivados de lupeno de *Skimmia laureola. Photochemistry,* **27**(6),1890-1892.

503. Remmal, A., T. Bouchikhi, A. Tantaoui-Elaraki e M. Ettayebi. (1993). Inibição da atividade antibacteriana de óleos essenciais por Tween 80 e etanol em meio líquido. *Journal de Pharmacie de Belgique,* **48**, 352- 356.

504. Reverchon, E. (1997). Extração de fluidos supercríticos e fracionamento de óleos essenciais e produtos relacionados. *Journal of Supercritical Fluids,* **10**, 1-37.

505. Rios, J. L., Recio, M. C. e Villar, A. (1988). Métodos de rastreio de produtos antimicrobianos naturais com atividade antimicrobiana: uma revisão da literatura. *Journal of Ethnopharmacology,* **23**, 127- 149.

506. Rohlofl, J. (1999). Composição monoterpénica do óleo essencial de hortelã-pimenta *(Mentha piperita* L.) em função da posição da folha, utilizando microextracção em fase sólida

e análise por cromatografia gasosa/espetrometria de massa, *J. Agric. Food Chem,* **47**, 3782-3786.

507. Rota, M. C., Herrera, A., Martinez, R. M., Sotomayor, J. A. e Jordan, M. J. (2008). Atividade antimicrobiana e composição química dos óleos essenciais de *Thymus vulgaris, Thymus zygis* e *Thymus hyemalis*. *Food Control,* **19**, 681-687.

508. Rota, C., Carraminana, J. J., Burillo, J. e Herrera, A. (2004). Atividade antimicrobiana *in vitro* de óleos essenciais de plantas aromáticas contra agentes patogénicos alimentares selecionados. *Jornal de Proteção Alimentar,* **67**, 1252-1256.

509. Ruberto, G. e M. T. Baratta. (2000). Atividade antioxidante de componentes selecionados de óleos essenciais em dois sistemas de modelos lipídicos. *Food Chemistry,* **69**: 167-174.

510. Saeed, M. A. (1989). Procedimentos do 1st Simpósio Nacional sobre Óleos Essenciais, Perfumes, Sabores 11.

511. Said, M. (1969). Hamdard Pharmacopea of Eastern Medicine. Fundação Nacional Hamdard, Karachi, Paquistão.

512. Sakovic, M., Marin, P.D., Brkic, D. e Van Griensven, L.J.L.D. (2007).Composição química e atividade antimicrobiana do óleo essencial de dez plantas aromáticas contra bactérias patogénicas humanas. *Food,* **1**, 1-7.

513. Santos-Gomes, P. C. e M. Fernandes-Ferreira. (2001). Variação dependente do órgão e da estação do ano na composição do óleo essencial de *Salvia officinalis* L. cultivada em dois locais diferentes. *Jornal de Agricultura e Química Alimentar,* **49**, 2908-16.

514. Sarker, S. D., Nahar, L. e Kumarasamy, Y. (2007). Ensaio antibacteriano em placa de microtitulação que incorpora a resazurina como indicador do crescimento celular e a sua aplicação no rastreio antibacteriano in vitro de fitoquímicos. *Methods,* **42**, 321-324.

515. Sari, M., Biondi, D.M., Kaabeche, M., Mandalari, G., D'Arrigo, M., Bisignano, G., Saija, A., Daquino, C., Ruberto, G. (2006). Composição química, actividades antimicrobianas e antioxidantes do óleo essencial de várias populações de *Origanum glandulosum* Desf. da Argélia. *Flavour and Fragrance Journal,* **21**, 890-898.

516. Satyavati, G.V., Raina, M.K., Sharma, M. (1976). Medicinal Plants of India. Vol. I. Conselho Indiano de Investigação Médica, Nova Deli, pp. 201±206.

517. Sefidkon, F., Abbasi, K., Jamzad, Z. e Ahmad, S. (2007). O efeito dos métodos de destilação e da fase de crescimento da planta no teor e composição do óleo essencial de *Setureja rechingeri* Jamzad. *Food Chemistry,* **100**, 10541058.

518. Seigler, D. S. (1998). Plant Secondary Metabolism. Kluwer Academic Publishers. Boston/ Dordrecht/Londres, pp 759.

519. Senatore, F., F. Napolitano e M. Ozcan. (2000). Composição e atividade antibacteriana do óleo essencial de *Crithmum maritimum* L. (Apiaceae) que cresce em estado selvagem na Turquia. *Flavour and Fragrance Journal,* **15**: 186189.

520. Setzer, W.N., Setzer, M.C., Moriarity, D.M., Bates, R.B., e. Haber, W.A. (1999). Atividade biológica do óleo essencial de *Myrcianthes* sp. "Black fruit" de Monteverde, Costa Rica. *Planta Medica,* **65**,468-469.

521. Shah, W.A., Qurishi, M.A., Thppa, R.K. e Dhar, K.L. (2003). Variação sazonal na composição do óleo essencial de *skimmia laureola. Indian perfumer,* **46**, 265-268.

522. Shahidi, F., Alasalvar C. e Liyana-Pathirana, C.M. (2007). Antoixidant phytochemicals in Hazelnut kernel *(Corylus avellana* L.) and Hazelnut By products. *Journal of Agricultural and Food Chemistry,* **55**, 12121220.

523. Siddhuraju, P. e K. Becker. (2007). As actividades antioxidantes e de eliminação de radicais livres dos extractos de ervilhas processadas *(Vigna unguiculata* L.). *Food Chemistry,* **101**, 10-19.

524. Sides, A., Robards, K., e Helliwell, S. (2000). Desenvolvimentos em técnicas de extração e sua aplicação à análise de voláteis em alimentos, *Trends Anal. Chem,* **19**, 322-329.

525. Silva, M. G. V., Matos, F. J. A., Lopes, P. R. O., Silva, F. O. e Holanda, M. T. (2004). Composição dos óleos essenciais de três espécies de *Ocimum* obtidos por destilação a vapor e micro-ondas e extração supercrítica com CO_2. *ARKIVOC*, **6**, 66-71.

526. Singh, R.S. & Pathak, M.G. (1994). Variabilidade no rendimento da erva e constituintes voláteis de cultivadores de *Cymbopogon jawarancusa* (jones) schult. *Industrial crops and product,* **2**,197-199.

527. Singh, A. K., Raina, V. K., Naqvi, A. A., Patra, N. K., Kumar, B., Ram, P. e Khanuja, S. P. S. (2005). Composição do óleo essencial e quimioarrays de cultivares de menta mentolada (*Mentha arvensis* L. f. *Piperascens malinvaud* ex. Hoimes). *Flavour and*

Fragrance Journal, **20**, 302-305.

528. Sivropoulou, A., Nikolaou, C., Papanikolaou, E., Kokkini, S., Lanaras, T . e Arsenakis, M. (1997). Antimicrobial, cytotoxic, and antiviral activities of *Salvia fruticosa* essential oil. *Journal of Agricultural and Food Chemistry,* **45**, 3197- 3201.

528. Sivropoulou, A., Papanikolaou, E., Nikolaou, C., Kokkini, S., Lanaras, T. e Arsenakis, M. (1996). Antimicrobial and Cytotoxic Activities of *Origanum* Essential Oils. *Journal of Agriculture and Food Chemistry, 44* (5), 1202-1205.

529. Skocibusic, M., Bezic, N. e Dunkic, V. (2006). Composição fitoquímica e atividade antimicrobiana dos óleos essenciais de *Satureja subspicata* Vis. cultivada na Croácia. *Food Chemistry,* **96**, 20-28.

530. **Smith-Palmer** S., e Fyfe. (1998). Propriedades antimicrobianas de óleos essenciais e essências de plantas contra cinco importantes agentes patogénicos de origem alimentar. *Cartas em Microbiologia Aplicada,* **26**,118-122.

531. Sokmen, M., Serkedjieva, J., Daferera, D., Gulluce, M., Polissiou, M., Tepe, B., H-A. Akpulat e Sokmen, A. (2004). Actividades antioxidantes, antimicrobianas e antivirais *in vitro* do óleo essencial e de vários extractos de partes de plantas e culturas de calos de *Origanum acutidens*. *Jornal de Agricultura e Química Alimentar*, **52**, 3309-3312.

532. Sokovic, M. e L. J. L. D. Van Griensven. (2006). Atividade antimicrobiana de óleos essenciais e dos seus componentes contra os três principais agentes patogénicos do cogumelo-botão cultivado, *Agaricus bisporus*. *European Journal Plant Pathology,* **116**, 211-224.

533. Sonia Touran, O; Ariadna Selga, Aurora Jimea Nez, Lluias Juliaa, Carles Lozano, Daneida Lizaa Raga, Marta Cascante e Josep Lluias Torres. (2005). Fracções de procianidina da casca de pinheiro *(Pinus pinaster)*: Radical Scavenging Power in Solution, Antioxidant Activity in Emulsion, and Antiproliferative Effect in Melanoma Cells. *J. Agric. Food Chem,* **53**, 47284735.

534. Sostaric, T., Boyce, M. C. e Spickett, E.E. (2000). Analysis of the volatile components in *Vanilla* extracts and flavourings by solid-phase microextraction and gas chromatography, *J. Agric. Food Chem,* **48**, 58025807.

535. Stammati, A., Bonsi, P., Zucco, F., Moezelaar, R., Alakomi, H. L. e von-Wright, A. (1999). Toxicidade de voláteis de plantas selecionadas em ensaios de curta duração com

micróbios e mamíferos. *Food Chemistry and Toxicology,* **37**, 813-823.

536. Sultana, N. e Khalid, A. (2008). Um novo éster gordo e um novo triterpeno de *Skimmia laureola. Natural Product Research,* **10**(22), 1, 3747.

537. Tepe, B., Daferera, D., Sokmen, A., Sokmen, M. e Polissiou, M. (2005). Actividades antimicrobianas e antioxidantes dos óleos essenciais e de vários extractos de *Salvia tomentosa* Miller (Lamiaceae). *Food Chemistry,* **90**, 333-340.

538. Tepe, B., Daferera, D., Tepe, A., Polissiou, M. e Sokmen, A. (2007). Atividade antioxidante do óleo essencial e de vários extractos de *Nepta flavida* Hud.-Mor. da Turquia. *Food Chemistry,* **103**, 1358-1364.

539. Thappa, R.K., Agarwal, S.C., Dhar, K.L., e Atal, C.K. (1979). O óleo essencial de *cymbopogon jawarancusa. Indian perfumer,* **23**, 14-15.

540. Thappa, R.K., Bradu, B.L., Vashit, V.N., & Atal, C.K. (1971). Triagem de espécies *de cymbopogon* para constituintes úteis. *Flavour Industry,* **2**, 49-51.

541. Terblanche, F. C. (2000). *A caraterização, utilização e fabrico de produtos recuperados de Lippia scaberrima Sond.* Tese de doutoramento, Pretória, Universidade de Pretória.

542. Terblanche, F. C., Kornelius, G., Hasset, A. J. e Rohwer E. R. (1998). Composição do óleo essencial de *Lippia scaberrima* Sond. da África do Sul. *Journal of Essential Oil Research,* **10**, 213-215.

543. Tuberoso, C. I. G., Barra, A., Angioni, A., Sarritzu, E., & Pirisi, F. M. (2006). Composição química de voláteis em extractos alcoólicos e óleos essenciais de murta da Sardenha *(Myrtus communis* L.). *Journal of Agriculture and Food Chemistry,* **54**, 1420-1426.

544. Ultee, A., Kets, E. P. W., Alberda, M., Hoekstra, F. A. e Smid, E. J. (2000). Adaptação do agente patogénico de origem alimentar *Bacillus cereus* ao carvacrol. *Archives of Microbiology*, **174**, 233- 238.

545. Uribe-Hernandez, C. J., Hurtado-Ramos, J. B., Olmedo-Arcega, E. R. e Martinez-Sosa, M. A. (1992). O óleo essencial de *Lippia graveolens* H.B.K. de Jalisco, México. *Journal of Essential Oil Research,* **4**, 647-649.

546. Vaara, M. (1992). Agentes que aumentam a permeabilidade da membrana externa. *Microbiol. Rev,* **56**, 395-411.

547. Van de Braak, S. A. A. J., e Leijten. G. C. J. J. (1999). Essential Oils and Oleoresins: A Survey in the Netherlands and other Major Markets in the European Union. CBI, Centre for the Promotion of Imports from Developing Countries, Roterdão, p. 116.

548. Van Vuuren, S. F., Viljoen, A. M., Ozek, T., Demirici, B. e Baser, K. H. C. (2007). Variação sazonal e geográfica do óleo essencial de *Heteropyxis natalensis* e o seu efeito na atividade antimicrobiana. *South African Journal of Botany,* **73**(3), 441-448.

549. Viljoen, A. M., Petkar, S., Van-Vuuren, S. F., Cristina Figueiredo, A., Pedro, L. G. e Barroso, J. G. (2006). Variação Quimio-Geográfica na Composição do Óleo Essencial e nas Propriedades Antimicrobianas da "Hortelã Selvagem" - *Mentha longifolia* sub sp. *polyadena* (Lamiaceae) na África Austral. *Journal of Essential Oil Research,* **18**, 60-65.

550. Vokou, D., Kokkini, S. e Bessiere, J. M. (1993). Variação geográfica dos óleos essenciais de orégãos gregos (*Origanum vulgare* ssp. *hirtum). Biochemical Systematic and Ecology,* **21**, 287-295.

551. Waight, E.S., Razdan, T.K., Qadri, B. e Harkar, S. (1987). Chromone and coumarins from skimmiala. *Phytochemistry*, **26** (7), 20632069.

552. Waller, P.J., Prichard, R.K. (1985). Resistência a medicamentos em nemátodos. In: Campbell, W.C., Rew, R.S. (Eds.), Chemotherapy of Parasitic Infections, Phenum, Nova Iorque, EUA, pp. 339±362.

553. Wannes, W.A., Mhamdi, B., e Marzouk, B. (2007). Composição do óleo essencial de duas variedades de *Myrtus communis* L. cultivadas no Norte da Tunísia. *Jornal Italiano de Bioquímica,* **56**, 180-186.

554. Riqueza da Índia - matérias-primas. (1972) Rh-So (Conselho de Investigação Científica e Industrial, Nova Deli), vol. **09**.

556. Whish, J. P. M. (1996). Um sistema de destilação flexível para o isolamento de óleos essenciais. *Journal of Essential Oil Research,* **8,** 405-410.

557. Wilkinson, J.M., Hipwell, M., Ryan, T., Cavanagh, H.M.A. (2003). Bioatividade de *Backhousia citriodora:* atividade antibacteriana e antifúngica. *J. Agric. Food Chem,* **5**, 76-81.

558. Willfor, S., Ali, M., Karonen, M., Reunanen, M., Arfan, M., Harlamow, R. (2009). Extractivos na casca de diferentes espécies de coníferas que crescem no Paquistão. *Holzforschung,* **63**, 551-558.

559. Wink, M. (2003). Evolution of secondary metabolites from an ecological and molecular phylogenetic perspective (Evolução dos metabolitos secundários numa perspetiva ecológica e filogenética molecular). *Phytochemistry,* **64**, 3-19.

560. Wissem Aidi Wannes, Baya Mhamdi e Brahim Marzouk. (2009). Variações no óleo essencial e na composição de ácidos gordos durante a maturação do fruto de *Myrtus communis* var. italica. *Food Chemistry* **112**, 621-626.

561. Wissem Aidi Wannes, Baya Mhamdi, Jazia Sriti, Mariem Ben Jemia, Olfa Ouchikh, Ghaith Hamdaoui, Mohamed Elyes Kchouk e Brahim Marzouk. (2010). Actividades antioxidantes dos óleos essenciais e extractos de metanol da folha, caule e flor da murta *(Myrtus communis* var. italica L.). *Food and Chemical Toxicology,* **48**, 1362-1370.

562. Yang Yang, Yang Yue, Yan Runwei, Zou Guolin. (2010). Atividade citotóxica, apoptótica e antioxidante do óleo essencial de Amomum tsao-ko. Bioresource Technology **101**, 4205-4211.

563. Yoon, H. S., Moon, S. C., Kim, N. D., Park, B. S., Jeong, M. H. e Yoo, Y. H. (2000). A genisteína induz a apoptose das células RPE-J através da abertura da PTP mitocondrial. *Biochemical and Biophysical Research Communications,* **276**, 151-156.

564. Yousuf Dar, M., Shah, W.A., Manzoor, A.R., Yasrib Qurishi, Abid Hamid, Qurishi, M.A., (2011). Composição química, actividades citotóxicas e antioxidantes in vitro do óleo essencial e dos principais constituintes de *Cymbopogon jawarancusa* (Caxemira). *Food Chemistry,* **129**, 1606-161.

5 65.

Printed by Books on Demand GmbH, Norderstedt / Germany